黑龙江省煤矿特种作业人员安全技术培训教材

煤矿井下爆破工

主编 李洪臣　郝万年

煤 炭 工 业 出 版 社

· 北　京 ·

内 容 提 要

本书主要介绍了煤矿安全生产方针和法律法规、煤矿生产技术与主要灾害事故防治、煤矿井下爆破工职业特殊性、爆破安全技术基本知识、安全爆破技术、井下爆破作业的安全操作、爆破事故预防及处理以及实际操作技能训练等内容。

本书是煤矿井下爆破工取得特种作业操作资格证培训考核的统编教材，也可供煤矿企业有关管理人员、工程技术人员及相关干部、工人学习参考。

《黑龙江省煤矿特种作业人员安全技术培训教材》

编 委 会

主 任 王 权

副主任 李瑞林　鲁　峰　张维正　赵冬柏　于志伟

　　　　　侯一凡　孙成坤　郝传波　杜　平　王佳喜

　　　　　庄绪春

委 员 （以姓氏笔画为序）

　　　　　王文山　王忠新　王宪恒　尹森山　甲继承

　　　　　刘文龙　孙宝林　齐国强　曲春刚　李洪臣

　　　　　李雪松　陈　辉　张凤东　张振龙　张鹤松

　　　　　郝万年　姚启贵　姜学义　姜洪君　唐学军

　　　　　徐明先　高德民　郭喜伏　黄学成　韩　波

　　　　　韩忠良　蔡　涛　樊万岗　魏艳华

《煤矿井下爆破工》编审委员会

主　编　李洪臣　郝万年

副主编　田正广　张锡清

编　写　栾允超　孟校宇　周平福　田　丰　邵建涛

主　审　陈　辉

前　言

做好煤矿安全生产工作，维护矿工生命财产安全是贯彻习近平总书记提出的红线意识和底线意识的必然要求，是立党为公、执政为民的重要体现，是各级政府履行社会管理和公共服务职能的重要内容。党中央国务院历来对煤矿安全生产工作十分重视，相继颁布了《安全生产法》《矿山安全法》《煤炭法》等有关煤矿安全生产的法律法规。

煤矿生产的特殊环境决定了煤矿安全生产工作必然面临巨大的压力和挑战。而我省煤矿地质条件复杂，从业人员文化素质不高，导致我省煤矿安全生产形势不容乐观。因此，我们必须牢记"安全第一，预防为主，综合治理"的安全生产方针，坚持"管理、装备、培训"三并重的原则，认真贯彻"煤矿矿长保护矿工生命安全七条规定"和"煤矿安全生产七大攻坚举措"，不断强化各类企业、各层面人员的安全生产意识，提高安全预防能力和水平。

众所周知，煤矿从业人员的基本素质是影响煤矿安全生产诸多因素中非常重要的因素之一。因此，加强煤矿从业人员安全教育和安全生产技能培训，提高现场安全管理和防范事故能力尤为重要。为此，我们组织全省煤炭院校部分教授，煤矿安全生产技术专家和部分煤矿管理者，从我省煤矿生产的特点及煤矿特种作业人员队伍现状的角度，结合我省煤矿安全生产实际，编写了《黑龙江省煤矿特种作业人员安全技术培训教材》。该套教材严格按照煤矿特种作业安全技术培训大纲和安全技术考核标准编写，具有较强的针对性、实效性和可操作性。该套教材的合理使用必将对提高我省煤矿安全培训考核质量，提升煤矿特种作业人员的安全生产技能和专业素质起到积极的作用。

"十三五"期间，国家把牢固树立安全发展观念，完善和落实安全生产责任摆上重要位置。我们要科学把握煤矿安全生产工作规律和特点，充分认清面临的新形势、新任务、新要求，把思想和行动统一到党的十八大精神上来，牢固树立培训不到位是重大安全隐患的理念，强化煤矿企业安全生产主体责任、政府和职能部门的监管责任，加强煤矿安全管理和监督，加强煤矿从业人员的安全培训，为我省煤矿安全生产工作打下坚实基础，为建设平安龙江、和谐龙江做出贡献。

《黑龙江省煤矿特种作业人员安全技术培训教材》

编　委　会

2016 年 5 月

《煤矿井下爆破工》培训学时安排

项　目		培 训 内 容	学时
安全知识（66学时）	安全基础知识（22学时）	煤矿安全生产法律法规与煤矿安全管理	4
		煤矿生产技术与主要灾害事故预防	10
		煤矿井下爆破工的职业特殊性	2
		职业病防治	2
		自救、互救与创伤急救	4
	安全技术知识（40学时）	爆破原理	2
		矿用炸药及起爆材料	4
		发爆器及爆破网路检测仪器	2
		爆炸材料的管理	2
		井巷爆破技术	6
		炮采工作面爆破技术	4
		爆破作业及其事故的预防与处理	10
		特殊情况下的安全爆破	6
		实验参观	4
	复习考试（4学时）	复习	2
		考试	2
实际操作技能（24学时）		炮眼质量的检验操作	2
		发爆器及检测仪器的使用操作	2
		起爆药卷的制作	2
		爆破程序化操作	4
		爆破事故的预防及处理操作	4
		爆破事故隐患检查内容及方法实训	2
		自救器的使用训练及创伤急救训练	4
		复习和考试	4
合　　计			90

目　　次

第一章　煤矿安全生产方针和法律法规

知识要点

☆ 煤矿安全生产方针

☆ 煤矿安全生产相关法律法规

☆ 安全生产违法行为的法律责任

第一节　煤矿安全生产方针

一、安全生产方针的内容

"安全第一、预防为主、综合治理"是我国安全生产的基本方针，是党和国家为确保安全生产而确定的指导思想和行动准则。根据这一方针，国家制定了一系列安全生产的政策、法律、法规和规程。煤矿从业人员要认真学习、深刻领会安全生产方针的含义，并在本职工作中自觉遵守和执行，牢固树立安全生产意识。

"安全第一"要求煤矿从业人员在工作中要始终把安全放在首位。只有生命安全得到保障，才能调动和激发人们的生活激情和创造力，不能以损害从业人员的生命安全和身心健康为代价换取经济的发展。当安全与生产、安全与效益、安全与进度发生冲突时，必须首先保证安全，做到不安全不生产、隐患不排除不生产、安全措施不落实不生产。

"预防为主"要求煤矿从业人员在工作中要时刻注意预防安全生产事故的发生。在生产各环节要严格遵守安全生产管理制度和安全技术操作规程，认真履行岗位安全职责，采取有效的事前预防和控制措施，强化源头管理，及时排查治理安全生产隐患，积极主动地预防事故的发生，把事故隐患消灭在萌芽之中。

"综合治理"就是综合运用经济、法律、行政等手段，人管、法治、技防多管齐下，搞好全员、全方位、全过程的安全管理，把全行业、全系统、全企业的安全管理看成一个联动的统一体，并充分发挥社会、从业人员、舆论的监督作用，实现安全生产的齐抓共管。

二、落实安全生产方针的措施

1. 坚持"管理、装备、培训"三并重原则

安全生产管理坚持"管理、装备、培训"并重，是我国煤矿安全生产长期生产实践经验的总结，也是我国煤矿落实安全生产方针的基本原则。"管理"是消除人的不良行为

的重要手段，先进有效的管理是煤矿安全生产的重要保证；"装备"是人们向自然作斗争的工具和武器，先进的技术装备不仅可以提高生产效率，解放劳动力，同时还可以创造良好的安全生产环境，避免事故的发生；"培训"是提高从业人员综合素质的重要手段，只有强化培训，提高从业人员素质，才能用好高技术的装备，才能进行高水平的管理，才能确保安全生产的顺利进行。所以，管理、装备、培训是安全生产的三大支柱。

2. 制定完善煤矿安全生产的政策措施

（1）加快法制建设步伐，依法治理安全。

（2）坚持科学兴安战略，加快科技创新。

（3）严格安全生产准入制度。

（4）加大安全生产投入力度。

（5）建立健全安全生产责任制。

（6）建立安全生产管理机构，配齐安全生产管理人员。

（7）建立健全安全生产监管体系。

（8）强化安全生产执法和安全生产检查。

（9）加强安全技术教育培训工作。

（10）强化事故预防，做好事故应急救援工作。

（11）做好事故调查处理，严格安全生产责任追究。

（12）切实保护从业人员合法权益。

3. 落实安全生产"四个主体"责任

落实安全生产方针必须强化责任落实。安全生产是一个责任体系，涉及企业主体责任、政府监管责任、属地管理责任和岗位直接责任"四个主体"责任。企业是安全生产工作的责任主体，企业主要负责人是本单位安全生产工作的第一责任人，对安全生产工作负全面责任。企业应严格执行国家法律法规和行业标准，建立健全安全生产管理制度，加大安全生产投入，强化从业人员教育培训，应用先进设备工艺，及时排查治理安全生产隐患，提高安全管理水平，把安全生产主体责任落实到位；政府监管责任就是政府安全监管部门应依法行使综合监管职权，煤矿监察监管部门应加大监察监管检查力度，加强对重点环节和重要部位的专项整治，依法查处各种非法违法行为；属地管理责任就是各级政府对安全生产工作负有重要责任，对安全生产工作的重大问题、重大隐患，要督促抓好整改落实；岗位直接责任就是对关系安全生产的重点部位、关键岗位，要配强配齐人员，全方位、全过程、全员化执行标准、落实责任，把安全生产责任落到每一位领导、每一个车间、每一个班组、每一个岗位，实现全覆盖。

4. 推进煤矿向"规模化、机械化、标准化和信息化"方向发展

当前，我国煤炭行业在资源配置、产业结构、技术水平、安全生产、环境保护等方面还存在不少突出矛盾，一些生产力水平落后的小煤矿仍然存在，结构不合理仍然是制约我国煤炭行业发展的症结所在。因此，围绕大型现代化煤矿建设，加快推进煤炭行业结构调整，淘汰落后产能，努力推动产业结构的优化升级，建设"规模化、机械化、标准化和信息化"的矿井，这是落实党的安全生产方针的重要举措，也是综合治理的具体表现。规模化不仅可以提高生产能力，提高煤炭资源回收率，降低生产成本，还能提高煤矿的抗风险能力。机械化就是要在采、掘、运一体化上下功夫，实现连续化生产，提高生产效率和从业人员整体素质，打造专业化从业队伍。标准化就是要求各煤矿都要按照安全标准化建设施工，从完备煤矿生产条件、改善劳动环境上入手，提高安全保障能力和本质安全水平。信息化是指对矿井地理、生产、安全、设备、管理和市场等方面的信息进行采集、传输处理、应用和集成等，从而完成自动化目标。

第二节　煤矿安全生产相关法律法规

一、法律基本知识

法律是由国家制定或认可的，由国家强制力保障实施的，反映统治阶级意志的行为规范的总和。

违法是行为人违反法律规定，从而给社会造成危害，有过错的行为。犯罪是指危害社会、触犯刑律，应该受到刑事处罚的行为。

我国的法律体系以宪法为统帅和根本依据，由法律、行政法规、地方性法规、规章等组成。

1. 宪法

宪法是国家的根本大法，具有最高的法律效力；宪法是母法，其他法是子法，必须以宪法为依据制定；宪法规定的内容是国家的根本任务和根本制度，包括社会制度、国家制度的原则和国家政权的组织以及公民的基本权利义务等内容。

2. 法律

全国人民代表大会和全国人民代表大会常务委员会都具有立法权。法律有广义、狭义两种理解。广义上讲，法律是法律规范的总称。狭义上讲，法律仅指全国人民代表大会及其常务委员会制定的规范性文件。在与法规等一起谈时，法律是指狭义上的法律。

3. 行政法规

行政法规是国务院为领导和管理国家各项行政工作，根据宪法和法律制定的有关政治、经济、教育、科技、文化、外事等内容的条例、规定和办法的总和。

4. 地方性法规

地方性法规是地方国家权力机关依法制定的在本行政区域内具有法律效力的规范性文件。省、自治区、直辖市以及省级人民政府所在地的市和经国务院批准的较大市的人民代表大会及其常务委员会有权制定地方性法规。

5. 规章

规章是行政性法律规范文件。规章有两种：一是国务院各部、委员会、中国人民银行、审计署和具有行政管理职能的直属机构，在本部门的权限内制定的规章，称为部门规章；二是省、自治区、直辖市和较大市的人民政府制定的规章，称为地方政府规章。

二、煤矿安全生产相关法律

1. 《中华人民共和国刑法》

《中华人民共和国刑法》是安全生产违法犯罪行为追究刑事责任的依据。

安全生产的责任追究包括刑事责任、行政责任和民事责任。这些处罚由国家行政机关或司法机关作出，处罚的对象可以是生产经营单位，也可以是承担责任的个人。

对企业从业人员安全生产违法行为刑事责任的追究：在生产、作业中违反有关安全管理规定，因而发生重大伤亡事故或者造成其他严重后果的，处三年以下有期徒刑或者拘役；情节特别恶劣的，处三年以上七年以下有期徒刑。强令他人违章冒险作业，因而发生重大伤亡或者造成其他严重后果的，处五年以下有期徒刑或者拘役；情节特别恶劣的，处五年以上有期徒刑。

2.《中华人民共和国劳动法》

《中华人民共和国劳动法》为了保护劳动者的合法权益，调整劳动关系，建立和维护适应社会主义市场经济的劳动制度，促进经济发展和社会进步，根据宪法，制定本法。

3.《中华人民共和国劳动合同法》

劳动合同是制约企业与劳动者之间权利、义务关系的最重要的法律依据，安全生产和职业健康是其中十分重要的内容。劳动合同有集体劳动合同和个人劳动合同两种形式，是在平等、自愿的基础上制定的合法文件，任何企业同劳动者订立的免除安全生产责任的劳动合同都是无效的、违法的。《中华人民共和国劳动合同法》是为了完善劳动合同制度，明确劳动双方当事人的权利和义务，保护劳动者的合法权益，构建发展和谐稳定的劳动关系。

依法订立的劳动合同具有约束力，用人单位与劳动者应当履行劳动合同约定的义务。

4.《中华人民共和国矿山安全法》

《中华人民共和国矿山安全法》中与煤矿从业人员相关的内容如下：

(1) 矿山企业从业人员有权对危害安全的行为提出批评、检举和控告。

(2) 矿山企业必须对从业人员进行安全教育、培训，未经安全教育、培训的，不得上岗作业。

(3) 矿山企业安全生产特种作业人员必须接受专门培训，经考核合格取得操作资格证书的，方可上岗作业。

(4) 矿山企业必须对冒顶、瓦斯爆炸、煤尘爆炸、冲击地压、瓦斯突出、火灾、水害等危害安全的事故隐患采取预防措施。

(5) 矿山企业主管人员违章指挥、强令从业人员冒险作业，因而发生重大伤亡事故的，依照《中华人民共和国刑法》有关规定追究刑事责任。

(6) 矿山企业主管人员对矿山事故隐患不采取措施，因而发生重大伤亡事故的，依照《中华人民共和国刑法》有关规定追究刑事责任。

5.《中华人民共和国安全生产法》

《中华人民共和国安全生产法》的基本内容如下：

(1) 生产经营单位安全生产保障的法律制度。

(2) 生产经营单位必须保证安全生产资金的投入。

(3) 安全生产组织机构和人员管理。

(4) 安全生产管理制度。

6.《中华人民共和国煤炭法》

《中华人民共和国煤炭法》与煤矿从业人员相关的规定如下：

(1) 明确了要坚持"安全第一、预防为主、综合治理"的安全生产方针。

（2）严格实行煤炭生产许可证制度和安全生产责任制度及上岗作业培训制度。

（3）维护煤矿企业合法权益，禁止违法开采、违章指挥、滥用职权、玩忽职守、冒险作业，以及依法追究煤矿企业管理人员的违法责任等。

三、煤矿安全生产相关法规

1.《煤矿安全监察条例》（国务院令　第296号）

自2000年12月1日起施行。共5章50条，包括总则、煤矿安全监察机构及其职责、煤矿安全监察内容、罚则、附则。其目的是为了保障煤矿安全，规范煤矿安全监察工作，保护煤矿从业人员人身安全和身体健康。

2.《工伤保险条例》（国务院令　第375号）

《工伤保险条例》共67条，制定本条例是为了保障因工作遭受事故伤害或者患职业病的从业人员获得医疗救治和经济补偿，促进工伤预防和职业康复，分散用人单位的工伤风险。

本条例根据2010年12月20日《国务院关于修改〈工伤保险条例〉的决定》修订。施行前已受到事故伤害或者患职业病的从业人员尚未完成工伤认定的，按照本条例的规定执行。

3.《国务院关于预防煤矿生产安全事故的特别规定》（国务院令　第446号）

国务院令第446号明确规定了煤矿15项重大隐患；任何单位和个人发现煤矿有重大安全隐患的，都有权向县级以上地方人民政府负责煤矿安全生产监督管理部门或者煤矿安全监察机构举报。受理的举报经调查属实的，受理举报的部门或者机构应当给予最先举报人1000元至10000元的奖励；煤矿企业应当免费为每位从业人员发放《煤矿职工安全手册》。

四、煤矿安全生产部门重要规章

1.《煤矿安全规程》（安监总局令　第87号）

《煤矿安全规程》包括总则、井工部分、露天部分、职业危害和附则5个部分，共有721条。它是煤矿安全体系中一部重要的安全技术规章，是煤炭工业贯彻落实党和国家安全生产方针和国家有关矿山安全法规的具体规定，是保障煤矿从业人员安全与健康，保护国家资源和财产不受损失，促进煤炭工业现代化建设必须遵循的准则。

2.《煤矿作业场所职业危害防治规定》（安监总局令　第73号）

为加强煤矿作业场所职业病危害的防治工作，保护煤矿从业人员的健康，制定本规定。适用于中华人民共和国领域内各类煤矿及其所属地面存在职业病危害的作业场所职业病危害预防和治理活动。

煤矿应当对从业人员进行上岗前、在岗期间的定期职业病危害防治知识培训，上岗前培训时间不少于4学时，在岗期间的定期培训时间每年不少于2学时。对接触职业危害的从业人员，煤矿企业应按照国家有关规定组织上岗前、在岗期间和离岗时的职业健康检查，并将检查结果书面告知从业人员。职业健康检查费用由煤矿承担。

3.《用人单位劳动防护用品管理规范》（安监总厅安健　〔2015〕124号）

为规范用人单位劳动防护用品的使用和管理，保障劳动者安全健康及相关权益，根据

《中华人民共和国安全生产法》、《中华人民共和国职业病防治法》等法律、行政法规和规章，制定本规范。本规范适用于中华人民共和国境内企业、事业单位和个体经济组织等用人单位的劳动防护用品管理工作。

4.《防治煤与瓦斯突出规定》（安监总局令　第19号）

该规定要求：防突工作坚持区域防突措施先行、局部防突措施补充的原则；突出矿井采掘工作做到不掘突出头、不采突出面；未按要求采取区域综合防突措施的，严禁进行采掘活动。

5.《煤矿防治水规定》（安监总局令　第28号）

该规定要求：防治水工作应当坚持预测预报、有疑必探、先探后掘、先治后采的原则，采取防、堵、疏、排、截的综合治理措施。水文地质条件复杂和极复杂的矿井，在地面无法查明矿井水文地质条件和充水因素时，必须坚持有掘必探。

规定有以下几个特点：一是对防范重特大水害事故规定更加严格；二是对防治老空水害规定更加严密；三是对强化防治水基础工作作出规定；四是减少了有关防治水的行政审批。

6.《特种作业人员安全技术培训考核管理规定》（安监总局令　第30号）

《特种作业人员安全技术培训考核管理规定》本着成熟一个确定一个的原则，在相关法律法规的基础上，对有关特种作业类别、工种进行了重大补充和调整，主要明确工矿生产经营单位特种作业类别、工种，规范安全监管监察部门职责范围内的特种作业人员培训、考核及发证工作。调整后的特种作业范围共11个作业类别、51个工种。

7.《煤矿领导带班下井及安全监督检查规定》（安监总局令　第33号）

将领导下井带班制度纳入国家安全生产重要法规规章，具有强制性。对领导下井带班的职责和监督事项，对安全监督检查的对象范围、目标任务、责任划分及考核奖惩，对领导下井带班的考核制度、备案制度、交接班制度、档案管理制度以及主要内容，对监督检查的重点内容、方式方法、时间频次等均作了明确的要求。同时，还明确了制度不落实时的经济和行政处罚，并依法进行责任追究。煤矿没有领导带班下井的，煤矿从业人员有权拒绝下井作业。煤矿不得因此降低从业人员工资、福利等待遇或者解除与其订立的劳动合同。

8.《安全生产培训管理办法》（安监总局令　第44号）

《安全生产培训管理办法》自2012年3月1日起施行。原国家安全生产监督管理局（国家煤矿安全监察局）2005年12月28日公布的《安全生产培训管理办法》同时废止。办法规定生产经营单位从业人员是指生产经营单位主要负责人、安全生产管理人员、特种作业人员及其他从业人员。特种作业人员的考核发证按照《特种作业人员安全技术培训考核管理规定》执行。

9.《煤矿安全培训规定》（安监总局令　第52号）

《煤矿安全培训规定》要求煤矿从业人员调整工作岗位或者离开本岗位1年以上（含1年）重新上岗前，应当重新接受安全培训；经培训合格后，方可上岗作业。

10.《国务院安委会关于进一步加强安全培训工作的决定》（安委〔2012〕10号）

对各类生产安全责任事故，一律倒查培训、考试、发证不到位的责任。严格落实"三项岗位"人员持证上岗制度。各类特种作业人员要具有初中及以上文化程度。制定特种作业人员实训大纲和考试标准；建立安全监管监察人员实训制度；推动科研和装备制造企业在安全培训场所展示新装备新技术；提高 3D、4D、虚拟现实等技术在安全培训中的应用，组织开发特种作业各工种仿真实训系统。

11.《煤矿矿长保护矿工生命安全七条规定》（安监总局令　第 58 号）

（1）必须证照齐全，严禁无证照或者证照失效非法生产。

（2）必须在批准区域正规开采，严禁超层越界或者巷道式采煤、空顶作业。

（3）必须确保通风系统可靠，严禁无风、微风、循环风冒险作业。

（4）必须做到瓦斯抽采达标，防突措施到位，监控系统有效，瓦斯超限立即撤人，严禁违规作业。

（5）必须落实井下探放水规定，严禁开采防隔水煤柱。

（6）必须保证井下机电和所有提升设备完好，严禁非阻燃、非防爆设备违规入井。

（7）必须坚持矿领导下井带班，确保员工培训合格、持证上岗，严禁违章指挥。

第三节　安全生产违法行为的法律责任

安全生产违法行为是指安全生产法律关系主体违反安全生产法律法规规定、依法应予以追究责任的行为。它是危害社会和公民人身安全的行为，是导致生产安全事故多发和人员伤亡最为重要的原因。

在安全生产工作中，政府及有关部门、生产单位及其主要负责人、中介机构、生产经营单位从业人员 4 种主体可能因为实施了安全生产违法行为而必须承担相应的法律责任。安全生产违法行为的法律责任有行政责任、民事责任和刑事责任 3 种。

一、行政责任

主要是指违反行政管理法规，包括行政处分和行政处罚两种。

1. 行政处分

行政处分的种类有警告、记过、记大过、降级、降职、撤职、留用察看和开除等。

2. 行政处罚

安全生产违法行为行政处罚的种类：①警告；②罚款；③责令改正、责令限期改正、责令停止违法行为；④没收违法所得、没收非法开采的煤炭产品、采掘设备；⑤责令停产停业整顿、责令停产停业、责令停止建设、责令停止施工；⑥暂扣或者吊销有关许可证，暂停或者撤销有关执业资格、岗位证书；⑦关闭；⑧拘留；⑨安全生产法律、行政法规规定的其他行政处罚。

法律、行政法规将前款的责令改正、责令限期改正、责令停止违法行为规定为现场处理措施的除外。

二、民事责任

民事责任是民事主体因违反民事义务或者侵犯他人的民事权利所应承担的法律责任，主要是指违犯民法、婚姻法等。

1. 民事责任的种类

（1）违反合同的民事责任。

（2）侵权的民事责任。

（3）不履行其他义务的民事责任。

2. 民事责任的承担方式

根据发生损害事实的情况和后果，《民法通则》规定了承担民事责任的 10 种方式：

（1）停止侵害。

（2）排除妨碍。

（3）消除危险。

（4）返还财产。

（5）恢复原状。

（6）修理、重作、更换。

（7）赔偿损失。

（8）支付违约金。

（9）消除影响、恢复名誉。

（10）赔礼道歉。

3. 免除民事责任的情形

免除民事责任是指由于存在法律规定的事由，行为人对其不履行合同或法律规定的义务，造成他人损害不承担民事责任的情况。

（1）不可抗力。

（2）受害人自身过错。

（3）正当防卫。

（4）紧急避险。

三、刑事责任

刑事责任是指触犯了刑事法律，国家对刑事违法者给予的法律制裁。它是法律制裁中最严厉的一种，包括主刑和附加刑。主刑分为管制、拘役、有期徒刑、无期徒刑和死刑。附加刑有罚金、剥夺政治权利、没收财产等。主刑和附加刑可单独使用，也可一并使用。《中华人民共和国安全生产法》《中华人民共和国矿山安全法》都规定了追究刑事责任的违法行为及行为人。因此，违反《中华人民共和国安全生产法》《中华人民共和国矿山安全法》的犯罪行为也应该承担相应的法律责任。

煤矿安全生产相关的犯罪有重大责任事故罪、重大安全事故罪、不报或谎报安全事故罪、危险物品肇事罪、工程重大安全事故罪等。

1. 重大责任事故罪

《中华人民共和国刑法》第一百三十四条规定："在生产、作业中违反有关安全管理规定，因而发生重大伤亡事故或者造成其他严重后果的，处 3 年以下有期徒刑或者拘役；情节特别严重的，处 3 年以上 7 年以下有期徒刑。强令他人违章冒险作业，因而发生重大伤亡事故或者造成其他严重后果的，处 5 年以下有期徒刑或者拘役；情节特别恶劣的，处 5 年以上有期徒刑。"

2. 重大安全事故罪

《中华人民共和国刑法》第一百三十五条规定："安全生产设施或者安全生产条件不符合国家规定，因而发生重大伤亡事故或者造成其他严重后果的，对直接负责的主管人员和其他直接责任人员，处3年以下有期徒刑或者拘役；情节特别恶劣的，处3年以上7年以下有期徒刑。"

3. 不报或谎报安全事故罪

《中华人民共和国刑法》第一百三十六条规定："在安全事故发生后，负有报告职责的人员不报或者谎报事故情况，贻误事故抢救，情节严重的，处3年以下有期徒刑或者拘役；情节特别严重的，处3年以上7年以下有期徒刑。"

4. 危险物品肇事罪

《中华人民共和国刑法》第一百三十六条规定："违反爆炸性、易燃性、放射性、毒害性、腐蚀性物品的管理规定，降低工程质量标准，造成重大安全事故，造成严重后果的，处3年以下有期徒刑或者拘役；情节特别严重的，处3年以上7年以下有期徒刑。"

5. 工程重大安全事故罪

《中华人民共和国刑法》第一百三十七条规定："建设单位、设计单位、工程监理单位违反国家规定，降低工程质量标准，造成重大安全事故的，对直接责任人员，处5年以下有期徒刑或者拘役，并处罚金；后果特别严重的，处5年以上10年以下有期徒刑，并处罚金。"

要　点　歌

教育培训是关键　　努力学习有经验
考试合格再上岗　　安全知识经常讲
安全第一要牢记　　预防为主有寓意
综合治理全方位　　整体推进才有力
安全原则要领会　　培训管理和装备
煤矿标准信息化　　机械生产规模大
安全管理属地化　　部门监管责任大
责任主体在矿里　　岗位责任在自己
遵章守法守纪律　　执行标准不放弃
宪法法律和法规　　治理安全有权威
违法违规不要做　　责任追究不放过
行政民事和刑事　　违犯法律受惩治

复习思考题

1. 简述我国煤矿安全生产方针。
2. 落实煤矿安全生产方针有哪些措施？
3. 简述安全生产违法行为的法律责任。

第二章 煤矿生产技术与主要灾害事故防治

第一节 矿 井 开 拓

一、矿井的开拓方式

不同的井巷形式可组成多种开拓方式，通常以不同的井硐形式为依据，将矿井开拓方式分成平硐开拓、斜井开拓、立井开拓和综合开拓；按井田内布置的开采水平数目的不同，将矿井开拓方式分为单水平开拓和多水平开拓。

1. 平硐开拓

处在山岭和丘陵地区的矿区，广泛采用有出口直接通到地面的水平巷道作为井硐形式来开拓矿井，这种开拓方式叫做平硐开拓。

平硐开拓的优点：井下出煤不需要提升转载即可由平硐直接外运，因而运输环节和运输设备少、系统简单、费用低；平硐的地面工业建筑较简单，不需结构复杂的井架和绞车房；一般不需设硐口车场，更无需在平硐内设水泵房、水仓等硐室，减少许多井巷工程量；平硐施工条件较好，掘进速度较快，可加快矿井建设；平硐无需排水设备，对预防井下水灾也较有利。例如，垂直平硐开拓方式（图2-1）。

2. 斜井开拓

斜井开拓是我国矿井广泛采用的一种开拓方式，有多种不同的形式，按井田内的划分方式，可分为集中斜井（有的地方也称阶段斜井）和片盘斜井，一般以一对斜井进行开拓。

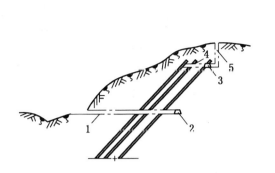

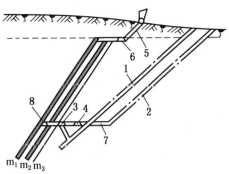

1—平硐；2—运输大巷；3—回风大巷；
4—回风石门；5—风井

图2-1　垂直平硐开拓方式

1—主井；2—副井；3—车场绕道；4—集中运输大巷；
5—风井；6—回风大巷；7—副井底部车场；
8—煤层运输大巷；m_1、m_2、m_3—煤层

图2-2　底板穿岩斜井开拓方式

采用斜井开拓时，根据煤层埋藏条件、地面地形以及井筒提升方式，斜井井筒可以分别沿煤层、岩层或穿越煤层的顶、底板布置。例如，底板穿岩斜井开拓方式（图2-2）。

3. 立井开拓

立井开拓除井筒形式与斜井开拓不同外，其他基本都与斜井开拓相同，既可以在井田内划分为阶段或盘区，也可以为多水平或单水平，还可以在阶段内采用分区，分段或分带布置等。

采用立井开拓时，一般以一对立井（主井及副井）进行开拓，装备两个井筒，通常主井用箕斗提升，副井则为罐笼。例如，立井多水平采区式开拓方式（图2-3）。

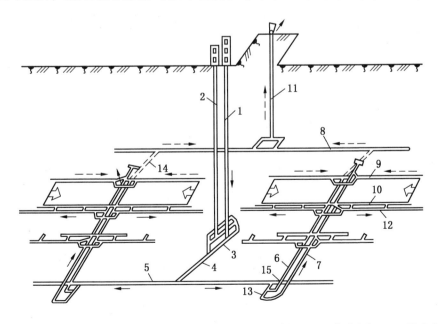

1—主井；2—副井；3—车场；4—石门；5—运输大巷；6—运输上山；7—轨道上山；8—回风大巷；
9—下料巷；10—皮带巷；11—风井；12—下料巷；13—底部车场；14—回风石门；15—煤仓

图2-3　立井多水平采区式开拓方式

4. 综合开拓

一般情况下，矿井开拓的主、副井都是同一种井筒形式。但是，有时会在技术上出现困难或经济上出现效益不佳的问题，所以，在实际矿井开拓中往往会有主、副井采用不同的井筒形式，这就是综合开拓。

根据不同的地质条件和生产技术条件，综合开拓可以有立井与斜井、立井与平硐、斜井与平硐等。

二、矿井巷道分类

矿井巷道包括井筒、平硐和井下的各种巷道，是矿井建立生产系统，进行生产活动的基本条件。

1. 按巷道空间特征分类

矿井巷道按倾角不同可分为垂直巷道、倾斜巷道和水平巷道三大类。

2. 按巷道的服务范围分类

按巷道的服务范围分三类：开拓巷道、准备巷道和回采巷道。

（1）开拓巷道是指为全矿井服务或者为一个及一个以上的阶段服务的巷道，主要有主副立井（或斜井）、平硐、井底车场、主要运输大巷、回风石门及回风大巷等。

（2）准备巷道是指为一个采区或者为两个或两个以上的采煤工作面服务的巷道，主要有采区车场、采区煤仓、采区上下山、采区石门等。

（3）回采巷道是指只为一个工作面服务的巷道，主要有工作面运输巷、工作面回风巷、切眼等。

第二节　采煤技术与矿井生产系统

一、采煤工艺

1. 普通机械化采煤工艺

普通机械化采煤工艺简称为"普采"，其特点是用采煤机械同时完成落煤和装煤工序，而运煤、顶板支护及采空区处理与炮采工艺基本相同。

2. 综合机械化采煤工艺

综合机械化采煤工艺简称"综采"，即破、装、运、支、处5个主要工序全部实现机械化。

3. 综合机械化放顶煤采煤工艺

综合机械化放顶煤采煤工艺是指实现了综合机械化壁式（长壁或短壁）放顶煤的采煤工艺。

4. 缓倾斜长壁综采放顶煤工作面的采煤工序

放顶煤采煤可根据不同的煤层厚度，不同的倾角采取不同的放顶煤方法，主要包括五道基本工序，即割煤、移架、移前部输送机、移后部输送机、放煤。在采煤过程中，当前四道工序循环进行至确定的放煤步距时，在移设完前部输送机以后，就可以开始放煤。

二、采煤方法

采煤方法是指采煤工艺与回采巷道布置及其在时间上、空间上的相互配合，包括采煤系统和采煤工艺两部分。采煤方法种类很多，总的划分为壁式和柱式两大类。

1. 壁式体系特点

（1）采煤工作面较长，工作面两端至少各有一条巷道，用于通风、运输、行人等，采出的煤炭平行于煤壁方向运出工作面。

（2）壁式体系工作面产量高，煤炭损失少，系统简单，安全生产条件好。

（3）巷道利用率低，工艺复杂。

2. 柱式体系特点

（1）煤壁短，同时开采的工作面多，采出的煤炭垂直于工作面方向运出。

（2）柱式体系采煤巷道多，掘进率高，设备移动方便。

（3）通风条件差，采出率低。

三、矿井的主要生产系统

矿井的生产系统有采煤系统，矿井提升与运输系统，通风系统，供电系统，排水系统，压风系统等。它们由一系列的井巷工程和机械、设备、仪器、管线等组成，这里介绍前四种。

（一）采煤系统

采煤巷道的掘进一般是超前于回采工作进行的。它们之间在时间上的配合以及在空间上的相互位置，称为采煤巷道布置系统，也叫采煤系统。实际生产过程中，有时在采煤系统内会出现一些如采掘接续紧张、生产与施工相互干扰的问题，应在矿井设计阶段或掘进工程施工前统筹考虑解决。

（二）矿井提升和运输系统

矿井提升和运输系统是生产过程中重要的一环。它担负着煤、矸石、人员、材料、设备与器材的送进、运出工作。其运输、提升系统均按下述路线进行。

由采掘工作面采落的煤、矸石经采区运输巷道运输至储煤仓或放矸小井，放入主要运输大巷以后，由电机车车组运至井底车场，装入井筒中的提升设备，提升到地面装车运往各地。而材料、设备和器材则按相反方向送至井下各工作场所。井下工作人员也是通过这样的路线往返于井下与地面。下面以立井开拓为例，对井下运输系统作一简述。

1. 运煤系统

采煤工作面的煤炭→工作面（刮板输送机）→工作面运输巷（转载机、带式输送机）→煤仓→石门（电机车）→运输大巷→（电机车）→井底车场→井底煤仓→主井（主提升机）→井口煤仓。

2. 排矸系统

掘进工作面的矸石→矿车（蓄电池电机车）→采区轨道上山（绞车）→采区车场→水平大巷（电机车）→井底车场→副井（副井提升机）→地面（电机车）→矸石山。

3. 材料运输系统

地面材料设备库→副井口（副井提升机）→井底车场→水平运输大巷（电机车）→采区

车场→轨道上山(绞车)→区段集中巷(蓄电池机车)→区段材料斜巷(绞车)→工作面材料巷存放点。

4. 井下常用的运输设备

（1）刮板输送机主要用于工作面运输。

（2）无极绳运输主要用于平巷运输。

（3）胶带输送机主要用于采区平巷运输。

（4）电机车运输主要用于大巷运输。

（三）通风系统

矿井通风系统是进、回风井的布置方式，主要通风机的工作方法，通风网路和风流控制设施的总称。

矿井通风系统的通风路线：地面新鲜风流→副井→井底车场→主石门→水平运输大巷→采区石门→进风斜巷→工作面进风巷→工作面→回采工作面回风巷→回风斜巷→总回风巷→风井→地面。

（四）供电系统

煤矿的正常生产，需要许多相关地辅助系统。供电系统是给矿井提供动力的系统。矿井供电系统是非常重要的一个系统。它是采煤、掘进、运输、通风、排水等系统内各种机械、设备运转时不可缺少的动力源网络系统。由于煤矿企业的特殊性，对矿井供电系统要求是绝对可靠，不能出现随意断电事故。为了保证可靠供电，要求必须有双回路电源，同时保证矿井供电。如果某一回路出现故障，另一回路必须立即供电，否则，就会发生重大事故。

一般矿井供电系统：双回路电网→矿井地面变电所→井筒→井下中央变电所→采区变电所→工作面用电点。

煤矿常用的供电设备有变压器、电动机、各种高低压配电控制开关、各种电缆等。煤矿常用的三相交流电额定线电压有 110 kV、35 kV、6 kV、1140 V、660 V、380 V、220 V、127 V 等。

除一般供电系统外，矿井还必须对一些特殊用电点实行专门供电。如矿井主要通风机、井底水泵房、掘进工作面局部通风机、井下需专门供电的机电硐室等。

井下常见的电气设备主要包括变压器、电动机和矿用电缆等。

四、矿井其他系统

1. 矿井供排水系统

为保证煤矿的生产安全，对井下落煤、装煤、运煤等系统进行洒水、喷雾来降尘，且井下的自然涌水、工程废水等都必须排至井外。由排水沟、井底（采区）水仓、排水泵、供水管路、排水管路等形成的系统，其作用就是储水、排水，防止发生矿井水灾事故。

供水系统将保证井下工程用水，特别是防尘用水。矿井供水路线：地面水池→管道→井筒→井底车场→水平运输大巷→采区上（下）山→区段集中巷→区段斜巷→工作面两巷。

在供水管道系统中，有大巷洒水、喷雾、防尘水幕。煤的各个转载点都有洒水灭尘喷头，采掘工作面洒水灭尘喷雾装置；采掘工作面机械设备冷却供水系统等。

矿井水主要来自于地下含水层水、顶底板水、断层水、采空区水及地表水的补给。在生产中必须排到地面。为了排出矿井水，矿井一般都在井底车场处设有专门的水仓及水泵房。水仓一般都有两个，其中一个储水、一个清理。主水泵房在水仓上部，水泵房内装有至少 3 台水泵，通过多级水泵将水排到地面。

水仓中的水则是由水平大巷内的水沟流入的。在水平运输大巷人行道一侧挖有水沟，水会流向井底车场方向。排水沟需要经常清理，保证水的顺利流动。

水平大巷排水沟的水又来自于各个采区。上山采区的水一般自动流入排水沟。下山采区的水则需要水泵排入大巷水沟，一般在下山采区下部都设有采区水仓，且安装水泵，通过管道将水排到大巷水沟内。

除矿井大的排水系统外，井下采掘工作面有时积水无法自动流出，还需要安装水泵排出，根据水量随时开动水泵排水。

在井下生产中，应注意不要在水沟内堆积坑木和其他杂物，为保持排水畅通，水沟还需定期清理。

2. 压风系统

空气压缩机是一种动力设备，其作用是将空气压缩，使其压力增高且具有一定的能量来作为风动工具（如凿岩机、风镐、风动抓岩机、风动装岩机等）、巷道支护（锚喷）、部分运输装载等采掘机械的动力源。

压气设备主要由拖动设备、空气压缩机及其附属装置（包括滤风器、冷却器、储气罐等）和输气管道等组成。

3. 瓦斯监测系统

我国的瓦斯矿井都要安装瓦斯监控系统。这种系统是在井下采掘工作面及需要监测瓦斯的地方安设多功能探头，这些探头不断监测井下瓦斯的浓度，并将监测的气体浓度通过井下处理设备转变为电信号，通过电缆传至地面主机房。在地面主机房又安设了信号处理器，将电信号转变为数字信号，并在计算机及大屏幕上显示出来。管理人员随时通过屏幕掌握井下各监控点的瓦斯浓度，一旦某处瓦斯超限，井上下会同时报警并自动采取相应的断电措施。

没有安装矿井安全监控系统的矿井的煤巷、半煤岩巷和有瓦斯涌出的岩巷的掘进工作面，必须装备甲烷电闭锁装置或甲烷断电仪和风电闭锁装置。没有装备矿井安全监控系统的无瓦斯涌出的岩巷掘进工作面，必须装备风电闭锁装置，没有装备矿井安全监控系统的矿井采煤工作面，必须装备甲烷断电仪。

4. 煤矿井下人员定位系统

煤矿井下人员定位系统一般由识别卡、位置监测分站、电源箱（可与分站一体化）、传输接口、主机（含显示器）、系统软件、服务器、打印机、大屏幕、UPS 电源、远程终端、网络接口和电缆等组成。

5. 瓦斯抽放系统

瓦斯抽放系统主要分为井上瓦斯泵站抽放系统和井下移动泵站瓦斯抽放系统两种方式。在开采煤层之前首先要把煤层的瓦斯浓度降低到国家要求的安全标准才能进行开采，只有这样才能保证煤矿的安全生产。使用专业的抽放设备和抽放管路抽放井下的瓦斯，首先要在煤层钻孔，插入管路，然后通过聚氨酯密封，再通过井上瓦斯抽放泵或者井下的移动泵站把煤层的瓦斯和采空区的瓦斯抽放到安全地区排空或者加以利用。

第三节　煤矿井下安全设施与安全标志种类

一、煤矿井下安全设施

煤矿井下安全设施是指在井下有关巷道、硐室等地方安设的专门用于安全生产的装置和设备，井下安全设施有以下几种：

1. 防瓦斯安全设施

防瓦斯安全设施主要有瓦斯监测装置和自动报警断电装置等。其作用是监测周围环境空气中的瓦斯浓度，当瓦斯浓度超过规定的安全值时，会自动发出报警信号；当瓦斯浓度达到危险值时，会自动切断被测范围的动力电源，以防止瓦斯爆炸事故的发生。

瓦斯监测和自动报警断电装置主要安设在掘进煤巷和其他容易产生瓦斯积聚的地方。

2. 通风安全设施

通风安全设施主要有局部通风机、风筒及风门、风窗、风墙、风障、风桥和栅栏等。其作用是控制和调节井下风流和风量，供给各工作地点所需要的新鲜空气，调节温度和湿度、稀释空气中的有毒有害气体。

局部通风机、风筒主要安设在掘进工作面及其他需要通风的硐室、巷道；栅栏安设在无风、禁止人员进入的地点；其他通风安全设施安设在需要控制和调节通风的相应地点。

3. 防灭火安全设施

防灭火安全设施主要有灭火器、灭火砂箱、铁锹、水桶、消防水管、防火铁门和防火墙。其作用是扑灭初始火灾和控制火势蔓延。

防灭火安全设施主要安设在机电硐室及机电设备较集中的地点。防火铁门主要安设在机电硐室的出入口和矿井进风井的下井口附近；防火墙构筑在需要密封的火区巷道中。

4. 防隔爆设施

防隔爆设施主要有防爆门、隔爆水袋、水槽、岩粉棚等。其作用是阻止爆炸冲击波、高温火焰的蔓延扩大，减少因爆炸带来的危害。

隔爆水袋、水槽、岩粉棚主要安设在矿井有关巷道和采掘工作面的进、回风巷中；防爆铁门安设在机电硐室的出入口；井下爆炸器材库的两个出口必须安设能自动关闭的抗冲击波活门和抗冲击波密闭门。

5. 防尘安全设施

防尘安全设施主要有喷雾洒水装置及系统。其作用是降低空气中的粉尘浓度，防止煤尘发生爆炸和影响作业人员的身体健康，保持良好的作业环境。

防尘安全设施主要安设在采掘工作面的回风巷道以及转载点、煤仓放煤口和装煤（岩）点等处。

6. 防水安全设施

防水安全设施主要有水沟、排水管道、防水门、防水闸和防水墙等。其作用是防止矿井突然出水造成水害和控制水害影响的范围。

水沟和排水管道设置在巷道一侧，且具有一定坡度，能实现自流排水，若往上排水则需要加设排水泵；其他防水安全设施安设在受水患威胁的地点。

7. 提升运输安全设施

提升运输安全设施主要有罐门、罐帘、各种信号、电铃、阻挡车器。其作用是保证提升运输过程中的安全。

（1）罐门、罐帘主要安设在提升人员的罐笼口，以防止人员误乘罐、随意乘罐。

（2）各种信号灯、电铃、笛子、语音信号、口哨、手势等，在提升运输过程中安设和使用，用于指挥调度车辆运行或者表示提升运输设备的工作状态。

（3）阻挡车器主要安装在井筒进口和倾斜巷道，防止车辆自动滑向井底和防止倾斜巷道发生跑车或防止跑车后造成更大的损失。

8. 电气安全设施

供电系统及各电气设备上需装设漏电继电器和接地装置，其目的是防止发生各种电气事故而造成人身触电等。

9. 避难硐室

避难硐室主要有以下 3 种：

（1）躲避硐室指倾斜巷道中防止车辆运输碰人、跑车撞人事故而设置的躲避硐室。

（2）避难硐室是事先构筑在井底车场附近或采掘工作面附近的一种安全设施。其作用是当井下发生事故时，若灾区人员无法撤退，可以暂时躲避以等待救援。

（3）压风自救硐室。当发生瓦斯突出事故时，灾区人员可以进入压风自救硐室避灾自救，等待救援。压风自救硐室通常设置在煤与瓦斯突出矿井采掘工作面的进、回风巷，有人工作场所和人员流动的巷道中。

为了使井下各种安全设施经常处于良好状态，真正发挥防止事故发生、减小事故危害的作用，井下从业人员必须自觉爱护这些安全设施，不随意摸动，如果发现安全设施有损坏或其他不正常现象，应及时向有关部门或领导汇报，以便及时进行处理。

二、煤矿井下安全标志种类

煤矿井下安全标志按其使用功能可分为禁止标志，警告标志，指令标志，路标、铭牌、提示标志，指导标志等。

1. 禁止标志

这是禁止或制止人们某种行为的标志。有"禁止带火""严禁酒后入井（坑）""禁止明火作业"等 16 种标志。

2. 警告标志

这是警告人们可能发生危险的标志。有"注意安全""当心瓦斯""当心冒顶"等 16 种标志。

3. 指令标志

这是指示人们必须遵守某种规定的标志。有"必须戴安全帽""必须携带矿灯"、"必须携带自救器"等 9 种标志。

4. 路标、铭牌、提示标志

这是告诉人们目标、方向、地点的标志。有"安全出口""电话""躲避硐室"等 12 种标志。

5. 指导标志

这是提高人们思想意识的标志。有"安全生产指导标志"和"劳动卫生指导标志"两种标志。

此外，为了突出某种标志所表达的意义，在其上另加文字说明或方向指示，即所谓"补充标志"。补充标志只能与被补充的标志同时使用。

第四节　瓦斯事故防治与应急避险

一、瓦斯的性质与危害

瓦斯是一种混合气体，其主要成分为甲烷（CH_4，占 90% 以上），所以瓦斯通常专指甲烷。

瓦斯有如下性质及危害：

（1）矿井瓦斯是无色、无味、无臭的气体。要检查空气中是否含有瓦斯及其浓度，必须使用专用的瓦斯检测仪才能检测出来。

（2）瓦斯比空气轻，在风速低的时候它会积聚在巷道顶部、冒落空洞和上山迎头等处，因此必须加强这些部位的瓦斯检测和处理。

（3）瓦斯有很强的扩散性。一处瓦斯涌出就能扩散到巷道附近。

（4）瓦斯的渗透性很强。在一定的瓦斯压力和地压共同作用下，瓦斯能从煤岩中向采掘空间涌出，甚至喷出或突出。

（5）矿井瓦斯具有燃烧性和爆炸性。当瓦斯与空气混合到一定浓度时，遇到引爆源，就能引起燃烧或爆炸。

（6）当井下空气中瓦斯浓度较高时，会相对降低空气中的氧气浓度而使人窒息死亡。

二、瓦斯涌出的形式及涌出量

（一）瓦斯涌出的形式

1. 普通涌出

由于受采掘工作的影响，促使瓦斯长时间均匀、缓慢地从煤、岩体中释放出来，这种涌出形式称为普通涌出。这种涌出时间长、范围广、涌出量多，是瓦斯涌出的主要形式。

2. 特殊涌出

特殊涌出包括喷出和突出。

（1）喷出。在短时间内，大量处于高压状态的瓦斯，从采掘工作面煤（岩）裂隙中突然大量涌出的现象，称为喷出。

（2）突出。在瓦斯喷出的同时，伴随有大量的煤粉（或岩石）抛出，并有强大的机械效应，称为煤（岩）与瓦斯突出。

（二）矿井瓦斯的涌出量

矿井瓦斯的涌出量是指在开采过程中，单位时间内或单位质量煤中放出的瓦斯数量。矿井瓦斯涌出量的表示方法如下：

（1）绝对瓦斯涌出量是指单位时间内涌入采掘空间的瓦斯数量，单位为 m^3/min 或

m^3/d。

（2）相对瓦斯涌出量是指在矿井正常生产条件下，月平均生产 1 t 煤所涌出的瓦斯数量，单位为 m^3/t。

三、瓦斯爆炸预防及措施

瓦斯爆炸就是瓦斯在高温火源的作用下，与空气中的氧气发生剧烈的化学反应，生成二氧化碳和水蒸气，同时产生大量的热量，形成高温、高压，并以极高的速度向外冲击而产生的动力现象。

1. 瓦斯爆炸的条件

瓦斯发生爆炸必须同时具备 3 个基本条件：一是瓦斯的浓度在爆炸界限内，一般为 5% ~16%；二是混合气体中氧气的浓度不低于 12%；三是有足够能量的点火源，一般温度为 650 ~750 ℃以上，且火源存在的时间大于瓦斯爆炸的感应期。瓦斯发生爆炸时，爆炸的 3 个条件必须同时满足，缺一不可。

2. 预防瓦斯积聚的措施

（1）落实瓦斯防治的十二字方针："先抽后采、监测监控、以风定产"，从源头上消除瓦斯的危害。

（2）明确"通风是基础，抽采是关键，防突是重点，监控是保障"的工作思路。

（3）构建"通风可靠、抽采达标、监控有效、管理到位"的煤矿瓦斯综合治理工作体系。

3. 防止引燃瓦斯的措施

（1）严禁携带烟草及点火工具下井；严禁穿化纤衣服入井；井下严禁使用电炉；严禁拆卸、敲打、撞击矿灯；井口房、瓦斯抽放站、通风机房周围 20 m 内禁止使用明火；井下电、气焊工作应严格审批手续并制定有效的安全措施；加强井下火区管理等。

（2）井下爆破工作必须使用煤矿许用电雷管和煤矿许用炸药，且质量合格，严禁使用不合格或变质的电雷管或炸药，严格执行"一炮三检"制度。

（3）加强井下机电和电气设备管理，防止出现电气火花。如局部通风机必须设置风电闭锁和瓦斯电闭锁等。

（4）加强井下机械的日常维护和保养工作，防止机械摩擦火花引燃瓦斯。

4. 发生瓦斯爆炸事故时的应急避险

瓦斯爆炸事故通常会造成重大的伤亡，因此，煤矿从业人员应了解和掌握在发生瓦斯爆炸时的避险自救知识。

瓦斯及煤尘爆炸时可产生巨大的声响、高温、有毒气体、炽热火焰和强烈的冲击波。因此，在避难自救时应特别注意以下几个要点：

（1）当灾害发生时一定要镇静清醒，不要惊慌失措、乱喊乱跑，当听到或感觉到爆炸声响和空气冲击波时，应立即背朝声响和气浪传来的方向，脸朝下，双手置于身体下面，闭上眼睛迅速卧倒。头部要尽量低，有水沟的地方最好趴在水沟边上或坚固的障碍物后面。

（2）立即屏住呼吸，用湿毛巾捂住口、鼻，防止吸入有毒的高温气体，避免中毒或灼伤气管和内脏。

（3）用衣服将自己身上裸露的部分尽量盖严，防止火焰和高温气体灼伤皮肉。

（4）迅速取下自救器，按照使用方法戴好，防止吸入有毒气体。

（5）高温气浪和冲击波过后应立即辨别方向，以最短的距离进入新鲜风流中，并按照避灾路线尽快逃离灾区。

（6）已无法逃离灾区时，应立即选择避难硐室，充分利用现场的一切器材和设备来保护人员和自身的安全。进入避难硐室后要注意安全，最好找到离水源近的地方，设法堵好硐口，防止有害气体进入，注意节约矿灯用电和食品，室外要做好标记，有规律地敲打连接外部的管子、轨道等，发出求救信号。

5. 发生煤与瓦斯突出事故时的应急避险

1）在处理煤与瓦斯突出事故时，应遵循如下原则：

（1）远距离切断灾区和受影响区域的电源，防止产生电火花引起的瓦斯爆炸。

（2）尽快撤出灾区和受威胁区的人员。

（3）派救护队员进入灾区探查灾区情况，抢救遇险人员，详细向救灾指挥部汇报。

（4）发生突出事故后，不得停风和反风，尽快制定恢复通风系统的安全措施。技术人员不宜过多，做到分工明确，有条不紊；救人本着"先外后里、先明后暗、先活后死"原则。

（5）认真分析和观测是否有二次突出的可能，采取相应措施。

（6）突出造成巷道破坏严重、范围较大、恢复困难时，抢救人员后，要对采区进行封闭。

（7）煤与瓦斯突出后，造成火灾或瓦斯爆炸的，按火灾或爆炸事故处理。

2）煤与瓦斯突出事故的应急处理

（1）在矿井通风系统未遭遇到严重破坏的情况下，原则上保持现有的通风系统，保证主要通风机的正常运转。

（2）发生煤（岩）与瓦斯突出时，对充满瓦斯的主要巷道应加强通风管理，防止风流逆转，复建通风系统，恢复正常通风。按规定将高浓度瓦斯直接引入回风道中排出矿井。

（3）根据灾区情况迅速抢救遇险人员，在抢险救援过程中注意突出预兆，防止再次突出造成事故扩大。

（4）要慎重处置灾区和受影响区域的电源，断电作业应在远距离进行，防止产生电火花引起爆炸。

（5）灾区内不准随意启闭电气设备开关，不要扭动矿灯和灯盖，严密监视原有火区，查清楚突出后是否出现新火源，并加以控制，防止引爆瓦斯。

（6）综掘、综采、炮采工作面发生突出时，施工人员佩戴好隔离式自救器或就近躲入压风自救袋内，打开压风并迅速佩戴好隔离式自救器，按避灾路线撤出灾区后，由当班班组长或瓦斯检查员及时向调度室汇报，调度室通知受灾害影响范围内的所有人员撤离。

3）处理煤与瓦斯突出事故的行动原则

一般小型突出，瓦斯涌出量不大，容易引起火灾，除局部灾区由救护队处理外，在通风正常区内矿井通风安全人员可参与抢救工作。

（1）救护队接到通知后，应以最快速度赶到事故地点，以最短路线进入灾区抢救人员。

（2）救护队进入灾区时应保持原有通风状况，不得停风或反风。

（3）进入灾区前，应先切断灾区电源。

（4）处理煤与瓦斯突出事故时，矿山救护队必须携带 0～100% 的瓦斯监测器，严格监视瓦斯浓度的变化。

（5）救护队进入灾区，应特别观察有无火源，发现火源立即组织灭火。

（6）灾区中发现突出煤矿堵塞巷道，使被堵灾区内人员安全受到威胁时，应采用一切尽可能的办法贯通，或用插板法架设一条小断面通道，救出灾区内人员。

（7）清理时，在堆积处打密集柱和防护板。

（8）在灾区或接近突出区工作时，由于瓦斯浓度异常变化，应严加监视。

（9）煤层有自然发火危险的，发生突出后要及时清理。

第五节　火灾事故防治与应急避险

一、发生火灾的基本要素

热源、可燃物和氧是发生火灾的三要素。以上三要素必须同时存在才会发生火灾，缺一不可。

二、矿井火灾分类

根据引起矿井火灾的火源不同，通常可将矿井火灾分成两大类：一类是外部火源引起的矿井火灾，也叫外因火灾；另一类是由于煤炭自身的物理、化学性质等内在因素引起的火灾，也叫内因火灾。

三、外因火灾的预防

预防外因火灾从杜绝明火与机电火花着手，其主要措施如下：

（1）井下严禁吸烟和使用明火。

（2）井下严禁使用灯泡取暖和使用电炉。

（3）瓦斯矿井要使用安全炸药，爆破要遵守煤矿安全规程。

（4）正确选择矿用型（具有不延燃护套）橡套电缆。

（5）井下和井口房不得从事电焊、气焊、喷灯焊等作业。

（6）利用火灾检测器及时发现初期火灾。

（7）井下和硐室内不准存放汽油、煤油和变压器油。

（8）矿井必须设地面消防水池和井下消防管理系统确保消防用水。

（9）新建矿井的永久井架和井口房，或者以井口房、井口为中心的联合建筑，都必须用不燃性材料建筑。

（10）进风井口应装设防火铁门，防火铁门必须严密并易于关闭，打开时不妨碍提升、运输和人员通行，并应定期维修；如不设防火铁门，必须有防止烟火进入矿井的安全措施。

四、煤炭自燃及其预防

1. 煤炭自燃的初期预兆

（1）巷道内湿度增加，出现雾气、水珠。

（2）煤炭自燃放出焦油味。

（3）巷道内发热，气温升高。

（4）人有疲劳感。

2. 预防煤炭自燃的主要方法

（1）均压通风控制漏风供氧。

（2）喷浆堵漏、钻孔灌浆。

（3）注凝胶灭火。

五、井下直接灭火的方法

（1）水灭火。

（2）砂子或岩粉灭火。

（3）挖出火源。

（4）干粉灭火。

（5）泡沫灭火。

第六节　煤尘事故防治与应急避险

一、矿尘及分类

在矿井生产过程中所产生的各种矿物细微颗粒，统称为矿尘。

矿尘的大小（指尘粒的平均直径）称为矿尘的粒度，各种粒度的矿尘，在全部矿尘中所占的百分数称为矿尘的分散。

（1）按矿尘的成分可分为煤尘和岩尘。

（2）按有无爆炸性可分为有爆炸性矿尘和无爆炸性矿尘。

（3）按矿尘粒度范围可分为全尘和呼吸性粉尘（粒度在 5 μm 以下，能被人吸入支气管和肺部的粉尘）。

（4）矿尘存在可分为浮尘和落尘。

二、煤尘爆炸的条件

（1）煤尘自身具备爆炸危险性。

（2）煤尘云的浓度在爆炸极限范围内。

（3）存在能引燃煤尘爆炸的高温热源。

（4）充足的氧气。

三、煤矿粉尘防治技术

目前，我国煤矿主要采取以风、水为主要介质的综合防尘技术措施，即一方面用水将粉尘湿润捕获；另一方面借助风流将粉尘排出井外。

1. 减尘技术措施

根据《煤矿安全规程》规定，在采掘过程中，为了大量减少或基本消除粉尘在井下飞扬，必须采取湿式钻眼、使用水炮泥、煤层注水、改进采掘机械的运行参数等方法减少粉尘的产生量。

2. 矿井通风排尘

采掘工作面的矿尘浓度与通风的关系非常密切，合理进行通风是控制采掘工作面的矿尘浓度的有效措施之一。应当指出，最优风速不是恒定不变的，它取决于被破碎煤、岩的性质，矿尘的粒度及矿尘的含水程度等。

3. 煤矿湿式除尘技术

湿式除尘是井工开采应用最普遍的一种方法。按作用原理，湿式除尘可分为两类：一是用水湿润，冲洗初生和沉积的粉尘；二是用水捕集悬浮于空气中的粉尘。这两类除尘方式的效果均以粉尘得到充分湿润为前提。喷雾洒水的作用如下：

（1）在雾体作用范围内高速流动的水滴与粉尘碰撞后，尘粒被湿润，并在重力作用下沉降。

（2）高速流动的雾体将其周围的含尘空气吸引到雾体内湿润下沉。

（3）雾体与沉降的粉尘湿润黏结，使之不易二次飞扬。

（4）增加沉积煤尘的水分，预防着火。

4. 个体防护

尽管矿井各生产环节采取了多项防尘措施，但也难以使各作业场所粉尘浓度达到规定，有些作业地点的粉尘浓度严重超标。因此，个体防护是防尘工作中不容忽视的一个重要方面。

个体防护的用具主要包括防尘口罩、防尘帽、防尘呼吸器、防尘面罩等，其目的是使佩戴者既能呼吸净化后的空气，又不影响正常操作。

四、煤尘爆炸事故的应急处置

由于煤尘爆炸应急处置与瓦斯、煤尘爆炸事故的应急处置措施一样，所以这里不做陈述。

五、煤尘爆炸事故的预防措施

1. 防爆措施

矿井必须建立完善的防尘供水系统。对产生煤尘的地点应采取防尘措施，防止引爆煤尘的措施如下：

（1）加强管理，提高防火意识。

（2）防止爆破火源。

（3）防止电气火源和静电火源。

（4）防止摩擦和撞击点火。

2. 隔爆措施

《煤矿安全规程》规定，开采有煤尘爆炸危险性煤层的矿井，必须有预防和隔绝煤尘爆炸的措施。其作用是隔绝煤尘爆炸传播，就是把已经发生的爆炸限制在一定的范围内，不让爆炸火焰继续蔓延，避免爆炸范围扩大，其主要措施有：

（1）采取被动式隔爆方法，如在巷道中设置岩粉棚或水棚。

（2）采取自动式隔爆方法，如在巷道中设置自动隔爆装置等。

（3）制定预防和隔绝煤尘爆炸措施及管理制度，并组织实施。

第七节　水害事故防治与应急避险

水害是煤矿五大灾害之一，水害事故在煤矿重特大事故中占比例较大。

一、矿井水害的来源

形成水害的前提是必须要有水源。矿井水的来源主要是地表水、地下水、老空水、断层水。

二、矿井突水预兆

1. 一般预兆

（1）矿井采、掘工作面煤层变潮湿、松软。

（2）煤帮出现滴水、淋水现象，且淋水由小变大。

（3）有时煤帮出现铁锈色水迹。

（4）采、掘工作面气温低，出现雾气或硫化氢气味。

（5）采、掘工作面有时可听到水的"嘶嘶"声。

（6）采、掘工作面矿压增大，发生片帮、冒顶及底鼓。

2. 工作面底板灰岩含水层突水预兆

（1）采、掘工作面压力增大，底板鼓起，底鼓量有时可达 500 mm 以上。

（2）采、掘工作面底板产生裂隙，并逐渐增大。

（3）采、掘工作面沿裂隙或煤帮向外渗水，随着裂隙的增大，水量增加，当底板渗水量增大到一定程度时，煤帮渗水可能停止，此时水色时清时浊，底板活动时水变浑浊，底板稳定时水色变清。

（4）采、掘工作面底板破裂，沿裂缝有高压水喷出，并伴有"嘶嘶"声或刺耳水声。

（5）采、掘工作面底板发生"底爆"，伴有巨响，地下水大量涌出，水色呈乳白色或黄色。

3. 松散空隙含水层突水预兆

（1）矿井采、掘工作面突水部位发潮、滴水且滴水现象逐渐增大，仔细观察可以发现水中含有少量细砂。

（2）采、掘工作面发生局部冒顶，水量突增并出现流沙，流沙常呈间歇性，水色时清时浊，总的趋势是水量、沙量增加，直至流沙大量涌出。

（3）顶板发生溃水、溃沙，这种现象可能影响到地表。

实际的突水事故过程中，这些预兆不一定全部表现出来，所以在煤矿防治水工作应该细心观察，认真分析、判断。

三、矿井水害事故的应急处置

（1）发生水灾事故后，应立即撤出受灾区和灾害可能波及区域的全部人员。

（2）迅速查明水灾事故现场的突水情况，组织有关专家和工程技术人员分析形成水灾事故的突水水源、矿井充水条件、过水通道、事故将造成的危害及发展趋势，采取针对性措施，防止事故影响的扩大。

（3）坚持以人为本的原则，在水灾事故中若有人员被困时，应制定并实施抢险救人的办法和措施，矿山救护和医疗卫生部门做好救助准备。

（4）根据水灾事故抢险救援工程的需要，做好抢险救援物资准备和排水设备及配套系统的调配的组织协调工作。

（5）确认水灾已得到控制并无危害后，方可恢复矿井正常生产状态。

四、矿井水害的防治

防治水害工作要坚持以防为主，防治结合以及当前和长远、局部与整体、地面与井下、防治与利用相结合的原则；坚持"预测预报、有疑必探、先探后掘、先治后采"的十六字方针；落实"防、堵、疏、排、截"五项措施，根据不同的水文地质条件，采用不同的防治方法，因地制宜，统一规划，综合治理。

五、矿井发生透水事故时应急避险的措施

矿井发生突水事故时，要根据灾区情况迅速采取以下有效措施，进行紧急避险。

（1）在突水迅猛、水流急速的情况下，现场人员应立即避开出水口和泄水流，躲避到硐室内、拐弯巷道或其他安全地点。如情况紧急来不及转移躲避时，可抓牢棚梁、棚腿及其他固定物体，防止被涌水打倒和冲走。

（2）当老空区水涌出，使所在地点有毒有害气体浓度增高时，现场作业人员应立即佩戴好自救器。

（3）井下发生突水事故后，绝不允许任何人以任何借口在不佩戴防护器的情况下冒险进入灾区。否则，不仅达不到抢险救灾的目的，反而会造成自身伤亡，扩大事故。

（4）水灾事故发生后，现场及附近地点工作人员在脱离危险后，应在可能情况下迅速观察和判断突水地点、涌水的程度、现场被困人员等情况并立即报告矿井调度。

第八节　顶板事故防治与应急避险

顶板发生事故主要是指在井下建设、生产过程中，因为顶板冒落、垮塌而造成的人员伤亡、设备损坏和生产停止事故。

一、顶板事故的类型和特点

按一次冒落的顶板范围和伤亡人员多少来划分，常见的顶板事故可分为局部冒顶事故和大面积切顶事故两大类。

1. 局部冒顶事故

局部冒顶事故绝大部分发生在临近断层、褶曲轴部等地质构造部位，多数发生在基本顶来压前后，特别是在直接顶由强度较低、分层厚度较小的岩层组成的情况下。

采煤工作面局部冒顶易发生地点是放顶线、煤壁线、工作面上下出口和有地质构造变化的区域。

掘进工作面局部冒顶事故，易发生在掘进工作面空顶作业地点、木棚子支护的巷道，在倾斜巷道、岩石巷道、煤巷开口处、地质构造变化地带和掘进巷道工作面过旧巷等处。

2. 大面积切顶事故

大面积切顶事故的特点是冒顶面积大、来势凶猛、后果严重，不仅严重影响生产，往往还会导致重大人身伤亡事故。事故原因是直接顶和基本顶的大面积运动。由直接顶运动造成的垮面事故，按其作用力性质和顶板运动时的始动方向又可分为推垮型事故和压垮型事故。

二、顶板事故的危害

（1）无论是局部冒顶还是大型冒顶，事故发生后，一般都会推倒支架，埋压设备，造成停电、停风，给安全管理带来困难，对安全生产不利。

（2）如果是地质构造带附近的冒顶事故，不仅给生产造成麻烦，有时还会引起透水事故的发生。

（3）在瓦斯涌出区附近发生顶板事故将伴有瓦斯的突出，易造成瓦斯事故。

（4）如果是采、掘工作面发生顶板事故，一旦人员被堵或被埋，将造成人员的伤亡。

顶板冒落预兆有响声、掉渣、片帮、裂缝、脱层、漏顶等。发现顶板冒落预兆时的应急处置包括：

①迅速撤离；②及时躲避；③立即求救；④配合营救。

三、顶板事故的预防与治理

（1）充分掌握顶板压力分布及来压规律。冒顶事故大都发生在直接顶初次垮落、基本顶初次来压和周期来压过程中。

（2）采取有效的支护措施。根据顶板特性及压力大小采取合理、有效的支护形式控制顶板，防止冒顶。

（3）及时处理局部漏顶，以免引起大冒顶。

（4）坚持"敲帮问顶"制度。

（5）严格按规程作业。

第九节　冲击地压及矿井热灾害的防治

冲击地压是世界采矿业共同面临的问题，不仅发生在煤矿、非金属矿和金属矿等地下巷道中，而且也发生在露天矿以及隧道等岩体工程中。冲击地压发生的主要原因是岩体应力，而岩体应力除构造应力引起的变异外，一般是随深度增加而增加的上覆岩层自重力。因此，冲击地压存在一个始发深度。由于煤岩力学性质和赋存条件不同，始发深度也不一样，一般为 200～500 m。

冲击地压发生机理极为复杂，发生条件多种多样。但有两个基本条件取得了大家的共识：一是冲击地压是"矿体—围岩"系统平衡状态失稳破坏的结果；二是许多发生在采掘活动中形成的应力集中区，当压力增加超过极限应力，并引起变形速度超过一定极限时即发生冲击地压。

一、冲击地压灾害的防治

（一）现象及机理

冲击地压是煤岩体突然破坏的动力现象，是矿井巷道和采场周围煤岩体由于变形能的释放而产生以突然、急剧、猛烈破坏为特征的矿山压力现象，是煤矿重大灾害之一。

煤矿冲击地压的主要特征：一是突发性，发生前一般无明显前兆，且冲击过程短暂，持续时间几秒到几十秒；二是多样性，一般表现为煤爆、浅部冲击和深部冲击，最常见的是煤层冲击，也时有顶板冲击、底板冲击和岩爆；三是破坏性，往往造成煤壁片帮、顶板下沉和底鼓，冲击地压可简单地看作承受高应力的煤岩体突然破坏的现象。

（二）防治措施

由于冲击地压问题的复杂性和我国煤矿生产地质条件的多样性，增加了冲击地压防治工作的困难。

（1）采用合理的开拓布置和开采方式。

（2）开采保护层。

（3）煤层预注水。

（4）厚层坚硬顶板的预处理：顶板注水软化和爆破断顶。

二、矿井热灾害的防治

（一）矿井热源分类

（1）地表大气。

（2）流体自压缩。

（3）围岩散热。

（4）运输中煤炭及矸石的散热。

（5）机电设备散热。

（6）自燃氧化物散热。

（7）热水。

（8）人员散热。

（二）矿内热环境对人的影响

（1）影响健康。①热击：即热激，热休克，是指短时间内的高温处理。②热痉挛。③热衰弱。

（2）影响劳动效率。使人极易产生疲劳，劳动效率下降。

（3）影响安全。

（三）矿井热灾害防治措施

井下采、掘工作面和机电硐室的空气温度，均应符合《煤矿安全规程》的规定。为了使井下温度符合安全要求，通常采用下列方式来达到降温目的。

1. 通风降温方法

（1）合理的通风系统。

（2）改善通风条件。

（3）调节热巷道通风。

（4）其他通风降温措施。

2. 矿内冰冷降温

矿井降温系统一般分为冰冷降温系统和空调制冷降温系统，其中，空调制冷降温系统为冷却水系统。

3. 矿井空调技术的应用

矿井空调技术就是应用各种空气热湿处理手段，调节和改善井下作业地点的气候条件，使之达到规定标准要求。

第十节　井下安全避险"六大系统"

根据《国务院关于进一步加强企业安全生产工作的通知》，煤矿企业建立煤矿井下监测监控、人员定位、紧急避险、压风自救、供水施救和通讯联络等安全避险系统（以下简称安全避险"六大系统"），全面提升煤矿安全保障能力。

一、矿井监测监控系统及用途

1. 矿井监测监控系统

矿井监测监控系统是用来监测甲烷浓度、一氧化碳浓度、二氧化碳浓度、氧气浓度、硫化氢浓度、矿尘浓度、风速、风压、湿度、温度、馈电状态、风门状态、风筒状态、局部通风机开停、主要风机开停等，并实现甲烷超限声光报警、断电和甲烷风电闭锁控制等功能的系统。

2. 矿井监测监控系统的用途

（1）矿井监测监控系统可实现煤矿安全监控、瓦斯抽采、煤与瓦斯突出、人员定位、轨道运输、胶带运输、供电、排水、火灾、压力、视频场景、产量计量等各类煤矿监测监控系统的远程、实时、多级联网，煤矿应急指挥调度，煤矿综合监管，煤矿自我远程监管，煤炭行业信息共享等功能。

（2）矿井监测监控系统中心站实行 24 h 值班制度，当系统发出报警、断电、馈电异常信息时，能够迅速采取断电、撤人、停工等应急处置措施，充分发挥其安全避险的预警作用。

二、井下人员定位系统及用途

1. 井下人员定位系统

井下人员定位系统是用系统标识卡，可由个人携带，也可放置在车辆或仪器设备上，将它们所处的位置和最新记录信息传输给主控室。

2. 井下人员定位系统的用途

（1）人员定位系统要求定位数据实时传输到调度中心，及时了解井下人员分布情况，方便指挥调度。可对人员和机车的运动轨迹进行跟踪回放，掌握其详细工作路线和时间，在进行救援或事故分析时可提供有效的线索或证明。

（2）所有入井人员必须携带识别卡（或具备定位功能的无线通信设备），确保能够实时掌握井下各个作业区域人员的动态分布及变化情况。建立健全制度，发挥人员定位系统在定员管理和应急救援中的作用。

三、井下紧急避险系统及用途

1. 井下紧急避险系统

井下紧急避险系统是为煤矿生产存在的火灾、爆炸、地下水、有害气体等危险而采取的措施和避险逃生系统。有以下几种：

（1）个人灾害防护装置和设施，使用自救器进行避灾避险。

（2）矿井灾害防护装置和设施，使用避难硐室进行避灾避险。

（3）矿井灾害救生逃生装置和设施，使用井下救生舱进行避灾避险。

2. 井下紧急避险系统用途

（1）紧急避险系统要求入井人员配备额定防护时间不低于 30 min 的自救器。煤与瓦斯突出矿井应建立采区避难硐室，突出煤层的掘进巷道长度及采煤工作面走向长度超过 500 m 时，必须在距离工作面 500 m 范围内建设避难硐室或设置救生舱。

（2）紧急避险系统要求矿用救生舱、避难硐室对外抵御爆炸冲击、高温烟气、冒顶塌陷、隔绝有毒气体，对内为避难矿工提供氧气、食物、水，去除有毒有害气体，为事故突发时矿工避险提供最大可能的生存时间。同时舱内配备有无线通讯设备，引导外界救援。

四、矿井压风自救系统及用途

1. 矿井压风自救系统

当煤与瓦斯突出或有突出预兆时，工作人员可就近进入自救装置内避险，当煤矿井下发生瓦斯浓度超标或超标征兆时，扳动开闭阀体的手把，要求气路通畅，功能装置迅速完成泄水、过滤、减压和消音等动作后，此时防护套内充满新鲜空气供避灾人员救生呼吸。

2. 矿井压风自救系统用途

安装自救装置的个数不得少于井下全员的1/3。空气压缩机应设置在地面；深部多水平开采的矿井，空气压缩机安装在地面难以保证对井下作业点有效供风时，可在其供风水平以上两个水平的进风井井底车场安全可靠的位置安装，但不得使用滑片式空气压缩机。

五、矿井供水施救系统及用途

1. 矿井供水施救系统

矿井供水施救系统是所有矿井在避灾路线上都要敷设供水管路，在矿井发生事故时井下人员能从供水施救系统上得到水及地面输送下来的营养液。

2. 矿井供水施救系统用途

井下供水管路要设置三通和阀门，在所有采掘工作面和其他人员较集中的地点设置供水阀门，保证各采掘作业地点在灾变期间能够实现提供应急供水的要求。并要加强供水管理维护，不得出现跑、冒、滴、漏现象，保证阀门开关灵活，接入避难硐室和救生舱前的 20 m 供水管路要采取保护措施。

六、矿井通信联络系统及用途

1. 矿井通信联络系统

矿井通信联络系统是运用现代化通信、网络等系统在正常煤矿生产活动中指挥生产，灾害期间能够及时通知人员撤离以及实现与避险人员通话的通信联络系统。

2. 矿井通信系统用途

（1）通信联络系统以无线网络为延伸，在井下设立若干基站，将煤炭行业矿区通信建设成一套完整的集成通信、调度、监控。

（2）主副井绞车房、井底车场、运输调度室、采区变电所、水泵房等主要机电设备硐室和采掘工作面以及采区、水平最高点，应安设电话。

（3）井下避难硐室（救生舱）、井下主要水泵房、井下中央变电所和突出煤层采掘工作面、爆破时撤离人员集中地点等，必须设有直通矿调度室的电话。井下无线通信系统在发生险情时，要及时通知井下人员撤离。

复习思考题

1. 矿井开拓的方式有哪些？

2. 矿井主要生产系统有哪几种？

3. 井下安全设施作用有哪些？

4. 发生瓦斯爆炸如何避险？

5. 煤炭自燃如何预防？

6. 煤尘爆炸的条件有哪些？

7. 矿井水害的防治措施有哪些？

8. 顶板事故如何预防？

9. 如何防治冲击地压？

10. 什么是矿井通信联络系统？

第三章 煤矿井下爆破工职业特殊性

知识要点

☆ 煤矿生产特点及主要危险因素

☆ 煤矿井下爆破工岗位安全职责及在防治灾害中的作用

第一节 煤矿生产特点及主要危险因素

一、煤矿生产特点

我省大多数煤矿采用井工开采，地质条件复杂，煤层厚度普遍较薄，地方私营煤矿比较多，并且机械化程度不高，现代管理手段相对落后，省企、央企煤矿已经进入深部开采，自然灾害影响日趋严重。煤矿作业的特点主要表现在以下几个方面：

（1）我省煤矿企业多数为井下作业，环境条件相对艰苦。省企煤矿井深平均在 500 m 以上，个别煤矿井深度达到 1000 m 左右，地方煤矿井深平均也在 300 m 以上，劳动强度大，危险因素多。

（2）我省地质条件复杂，自然灾害威胁严重。我省煤层赋予条件差、构造多、自然灾害影响大，致灾机理复杂，伴生的灾害事故时有发生。矿井瓦斯、煤与瓦斯突出、水、火、煤尘、破碎顶板、冲击地压、热害及有毒有害气体等威胁煤矿安全生产，甚至引发煤矿灾难性重大事故。

（3）我省煤矿生产工艺复杂。煤矿井下生产具有多工种、多环节、多层面、多系统、立体关系的交叉连续昼夜作业的特点，在采煤、掘进、通风、机电、排水、供电、运输等各系统中，任何工作岗位、地点或环节出现问题，都可能酿成事故，甚至造成重、特大事故。

（4）我省煤矿工人井下作业时间长，作业地点分散，路线远，劳动强度大。易产生疲惫、反应迟钝，注意力下降，情绪波动。而且作业环境受多种灾害影响，比如有水、火、瓦斯、煤尘、顶板垮落、坠罐和跑车等多种灾害，因此稍有疏忽极易发生意外。

（5）煤矿作业空间狭窄，活动受限，井下人员密集，一旦疏忽，出现事故，容易造成重、特大事故和群死、群伤事故，煤矿还是工矿各类企业中生产事故及伤亡人员相对数量最多的危险行业。

（6）我省煤矿机械化程度低，安全技术装备水平相对落后。省企煤矿的采煤机械化程度较高，而国有地方煤矿和乡镇煤矿的机械化程度普遍比较低。平均采煤机械化水平还不到50%。数量众多的小煤矿安全设备水平很低，防御灾害的能力差，存在安全隐患。

（7）我省煤矿从业人员结构复杂，综合素质不高，有固定工、合同工、协议工等，存在多种用工形式，煤矿用人多，流动性大，管理、培训问题多，一部分从业人员自我保护意识和能力差，违章作业现象时有发生，尤其是地方小煤矿，临时务工人员比例大，存在安全侥幸心理，给煤矿管理和生产安全带来潜在隐患。

（8）职业危害特别是尘肺病危害严重。据不完全统计，全国煤矿尘肺病患者达30万人，占到全国尘肺病患者一半左右，每年因尘肺病造成直接经济损失有数十亿元，煤矿在职业病预防教育培训，职业健康管理及危害防治方面还远远没有达到国家要求。此外，风湿病、腰肌劳损等职业病在煤炭行业也普遍存在。

二、煤矿主要危害因素

1. 地质条件

我省煤矿中，地质构造复杂或极其复杂的煤矿约占40%，根据调查，大中型煤矿平均井采深度比较深，采深大于500 m的煤矿占30%；小煤矿平均采深300 m，采深超过300 m的煤矿产量占30%。

2. 瓦斯灾害

我省省企煤矿中，高瓦斯矿井占15%，煤与瓦斯突出矿井占20%。地方国有煤矿和乡镇煤矿中，高瓦斯和煤与瓦斯突出矿井占10%。随着开采深度的增加，瓦斯涌出量的增大，高瓦斯和煤与瓦斯突出矿井的比例还会增加。

3. 水害

我省煤矿水文地质条件较为复杂。省企煤矿中，水文地质条件属于复杂或极复杂的矿井占30%；私企和乡镇煤矿中，水文地质条件属于复杂或极复杂的矿井占10%。我省煤矿水害普遍存在，大中型煤矿很多工作面受水害威胁。在个体小煤矿中，有突出危险的矿井也比较多，占总数的5%。

4. 自然发火的危害

我省具有自然发火危险的煤矿所占比例大、覆盖面广。自然发火危险程度严重或较严重（Ⅰ、Ⅱ、Ⅲ、Ⅳ级）的煤矿占70%。省企煤矿中，具有自然发火危险的矿井占50%。由于煤层自燃，我国每年损失煤炭资源 2×10^8 t左右。

5. 煤尘灾害

我省煤矿具有煤尘爆炸危险的矿井普遍存在，具有爆炸危险的矿井占煤矿总数的60%以上，煤尘爆炸指数在45%以上的煤矿占15%。省企煤矿中具有煤尘爆炸危险性的煤矿占85%，其中具有强爆炸性的占60%。

6. 顶板危害

我省煤矿顶板条件差异较大，多数大中型煤矿顶板属于Ⅱ类（局部不平）、Ⅲ类（裂隙比较发育）。Ⅰ类（平整）顶板约占11%，Ⅳ类（破碎）、Ⅴ类（松软）顶板约占5%，有顶板垮落危险。

7. 机电运输危害

我省煤矿供电系统、机电设备和运输线路覆盖所有作业地点，电压等级高、设备功率大、运输线路长、倾斜巷道多、运输设备种类复杂。易发生触电，机械、运输伤人，跑车等事故。

8. 冲击地压危害

我国是世界上煤矿冲击地压危害最严重的国家之一。我省大中型煤矿随着开采深度加深冲击地压发生概率就越高，省企煤矿具有冲击地压危险的煤矿占20%，由于冲击地压发生时间短，没有预兆，难以预测和控制，危害极大。随着开采深度的增加，有冲击地压矿井的冲击频率和强度在不断增加，没有冲击地压矿井也将会逐渐显现冲击地压。

9. 热害

热害已成为我省矿井的新灾害。我省煤矿中有很多个矿井采掘工作面温度超过26 ℃，其中少数矿井采掘工作面温度超过30 ℃，最高达37 ℃。随着开采深度的增加，矿井热害日趋严重。

第二节　煤矿井下爆破工岗位安全职责及在防治灾害中的作用

爆破作业是煤矿生产的一道重要工序，涉及面广，危险因素极多，容易引发重、特大恶性事故。煤矿爆破工是直接从事井下作业的特殊工种，其素质、责任心及按章操作能力对于煤矿安全生产有着重要影响，爆破工在煤矿防治灾害和事故防范中起着重要的作用。

一、煤矿井下爆破工的安全职责

（1）严格执行《民用爆炸物品管理条例》《煤矿井下安全爆破规程》《煤矿安全规程》等有关规定，熟练掌握爆炸材料性能和操作常识。

（2）严格遵守爆破材料领退、保管制度，保证爆破材料不遗弃，不丢失。

（3）严格遵守爆破材料运送制度，保证沿途安全。

（4）严格遵守"一炮三检"制度和"三人联锁爆破"制度等爆破操作规定，保证爆破过程安全。

（5）经常检查工作地点及所有使用设备、仪器的安全状态，爱护安全设施、设备，确保爆破工作顺利进行。

（6）严格遵守特殊情况下爆破的规定和爆破后的巡检制度，发现残爆、拒爆等情况及时处理或上报后处理。

（7）严格遵守劳动纪律和管理制度，做好自主保安和互保联保，制止任何人违章作业，拒绝接受任何人违章指挥，保证生产安全。

（8）严格执行现场交接班制度，在现场对本班遗留问题向接班爆破工认真交接清楚。

（9）爆破结束后，将剩余爆破材料全部及时交回爆破材料库，放爆器交还材料室统一保管。

（10）具有煤矿灾害防治及自救、互救与现场急救的相关知识，熟悉避灾路线，现场发生意外时能迅速采取紧急安全措施，同时向上级汇报。

（11）依法参加爆破工岗位安全培训，定期复训，持证上岗。

二、煤矿井下爆破工在防治灾害中的作用

1. 在防止瓦斯事故方面的作用

瓦斯是煤矿五大灾害因素之首，与瓦斯有关的事故主要是瓦斯爆炸事故和煤与瓦斯突出事故。瓦斯事故通常都会造成重大人员伤亡。爆破工在作业过程中产生的火焰或者电火花是引起瓦斯爆炸事故的重要因素之一。因此爆破工在作业过程中要严格按章作业，在发现有突出预兆时及时采取措施，就可以有效地防止爆破引燃、引爆瓦斯，杜绝爆破事故，从而防范瓦斯事故的发生。

2. 在防止顶板事故方面的作用

顶板事故占全国煤矿事故总起数和总死亡数的比例非常高，危害很大。爆破工在爆破作业时采取以下措施可以有效防范顶板事故的发生：

（1）采取合理的施工方法和顶板管理措施。

（2）严格执行作业规程中有关打眼爆破的规定，装药量适当，保护顶板，严禁空顶作业。

（3）严格执行"敲帮问顶"制度，危石必须处理，无法处理时，采取临时支护措施。

（4）工作面遇到地质构造、顶板岩石破碎时，应采取小炮或不爆破的方法过破碎带。

（5）发现漏顶时，必须接顶背严，隐患不除不作业。

3. 在防止火灾事故方面的作用

井下外因火灾一般比较突然，来势凶猛，如果发现处理不及时，可酿成恶性事故。爆破工在作业时如果不按规定和爆破说明书进行爆破，如裸露爆破、放空心炮以及井下用动力电源爆破、不装水炮泥、倒掉药卷中的消焰粉、炮眼深度不够或最小抵抗线不符合《煤矿安全规程》规定等，则可能导致引燃可燃物继而发生矿井火灾。

4. 在防止水灾事故的作用

井下水灾是指矿井涌水超过正常排水能力时造成的灾害。矿井水灾是煤矿常见的主要灾害之一，突然发生透水事故，不但影响矿井正常生产，而且有时还造成人员伤亡，淹没矿井，危害十分严重，因此井下爆破工必须学习有关防治水灾的知识，熟悉发生透水事故前的预兆，注意观察，认真分析，在正常爆破或对透爆破时，一旦发现透水预兆，坚决拒绝装药爆破，并及时采取正确的防灾措施。

5. 在防止煤尘爆炸事故的作用

井下爆破，一方面会扬起沉积的煤尘，另一方面会产生新的煤尘，极易使空气中的煤尘达到爆炸浓度。另外，爆破的火焰可引燃煤尘爆炸，所以井下爆破危害性极大。因此井下爆破工在爆破作业中一定要严格按照《煤矿安全规程》的有关规定和爆破说明书进行爆破作业。在没有执行湿式打眼，应禁止装药爆破，并及时向有关领导报告。没有使用水炮泥以及工作面没有洒水降尘的，坚决拒绝装药爆破。

复习思考题

1. 我省煤矿生产的特点有哪些？

2. 我省煤矿主要危险因素有哪些？

第四章　煤矿职业病防治和自救、互救及现场急救

知识要点

☆ 煤矿职业病防治与管理

☆ 煤矿从业人员职业病预防的权利和义务

☆ 自救与互救

☆ 现场急救

第一节　煤矿职业病防治与管理

一、煤矿常见职业病

凡是在生产劳动过程中由职业危害因素引起的疾病都称为职业病。但是，目前所说的职业病只是国家明文规定列入职业病名单的疾病，称为法定职业病。尘肺病是我国煤炭行业主要的职业病，煤矿职工尘肺病总数居全国各行业之首。煤矿常见的职业病如下：

（1）硅肺是由于职业活动中长期吸入含游离二氧化硅10%以上的生产性粉尘（硅尘）而引起的以肺弥漫性纤维化为主的全身性疾病。

（2）煤矿职工尘肺病是由于在煤炭生产活动中长期吸入煤尘并在肺内滞留而引起的以肺组织弥漫性纤维化为主的全身性疾病。

（3）水泥尘肺病是由于在职业活动中长期吸入较高浓度的水泥粉尘而引起的一种尘肺病。

（4）一氧化碳中毒主要为急性中毒，是吸入较高浓度一氧化碳后引起的急性脑缺氧疾病，少数患者可有迟发的神经精神症状。

（5）二氧化碳中毒。低浓度时呼吸中枢兴奋，如浓度达到3%时，呼吸加深；高浓度时抑制呼吸中枢，如浓度达到8%时，呼吸困难，呼吸频率增加。短时间内吸入高浓度二氧化碳，主要是对呼吸中枢的毒性作用，可致死亡。

（6）二氧化硫中毒主要通过呼吸道吸入而发生中毒作用，以呼吸系统损害为主。

（7）硫化氢中毒。硫化氢是具有刺激性和窒息性的气体，主要为急性中毒，短期内吸入较大量硫化氢气体后引起的以中枢神经系统、呼吸系统为主的多脏器损害的全身性疾病。

（8）氮氧化物中毒主要为急性中毒，短期内吸入较大量氮氧化物气体，引起的以呼吸系统损害为主的全身性疾病。主要对肺组织产生强烈的腐蚀作用，可引起支气管和肺水肿，重度中毒者可发生窒息死亡。

（9）氨气中毒。氨为刺激性气体，低浓度对眼和上呼吸道黏膜有刺激作用。高浓度氨会引起支气管炎症及中毒性肺炎、肺水肿、皮肤和眼的灼伤。

（10）职业性噪声聋是在职业活动中长期接触高噪声而发生的一种进行性的听觉损伤。由功能性改变发展为器质性病变，即职业性噪声聋。

（11）煤矿井下工人滑囊炎是指煤矿井下工人在特殊的劳动条件下，致使滑囊急性外伤或长期摩擦、受压等机械因素所引起的无菌性炎症改变。

二、煤矿职业病防治

职业病是人为的疾病，其发生发展规律与人类的生产活动及职业病的防治工作的好坏直接相关，全面预防控制病因和发病条件，会有效地降低其发病率，甚至使其职业病消除。

煤矿作业场所职业病防治坚持"以人为本、预防为主、综合治理"的方针；煤矿职业病防治实行国家监察、地方监管、企业负责的制度，按照源头治理、科学防治、严格管理、依法监督的要求开展工作。职业病的控制包括：

1. 煤矿粉尘防治

应实施防降尘的"八字方针"，即"革、水、风、密、护、管、教、查"。

"革"即依靠科技进步，应用有利于职业病防治和保护从业人员健康的新工艺、新技术、新材料、新产品，坚决淘汰职业危害严重的生产工艺和作业方式，减少职业危害因素，这是最根本、最有效的防护途径。

"水"即大力实施湿式作业，增加抑尘剂，再结合适当的通风，大大降低粉尘的浓度，净化空气，降低温度，有效地改善作业环境，降低工作环境对身体的有害影响。

"风"即改善通风，保证足够的新鲜风流。

"密"即密闭、捕尘、抽尘，能有效防止粉尘飞扬和有毒有害物质漫散对人体的伤害。

"护"即搞好个体防护，是对技术防尘措施的必要补救；作业人员在生产环境中粉尘浓度较高时，正确佩戴符合国家职业卫生标准要求的防尘用品。

"管"是加强管理，建立相关制度，监督各项防尘设施的使用和控制效果。

"教"是加强宣传教育，包括定期对作业人员进行职业卫生培训。

"查"是做好职业健康检查，做到早发现病损、早调离粉尘作业岗位，加强对作业场所粉尘浓度检测及监督检查等。

2. 有毒有害气体防治

由于煤矿的特殊地质条件和生产工艺，煤矿有毒有害气体的种类是明确的，相应的控制方法和原则主要有：

（1）改善劳动环境。加强井下通风排毒措施，使作业环境中有毒有害气体浓度达到国家职业卫生要求。

（2）加强职业安全卫生知识培训教育。严格遵守安全操作规程，各项作业均应符合

《煤矿安全规程》规定。例如：使用煤矿许用炸药爆破；炮烟吹散后方可进入工作面作业；对二氧化碳高压区应采取超前抽放等。

（3）设置警示标识。例如：井下通风不良的区域或不通风的旧巷内，应设置明显的警示标识；在不通风的旧巷口要设栅栏，并挂上"禁止入内"的牌子，若要进入必须先行检查，确认对人体无伤害方可进入。

（4）做好个体防护。对于确因工作需要进入有可能存在高浓度有毒有害气体的环境中时，在确保良好通风的同时作业人员应佩戴相应的防护用品。

（5）加强检查检测。应用各种仪器或煤矿安全监测监控系统检测井下各种有毒有害气体的动态，定期委托有相应资质的职业卫生技术服务机构对矿井进行全面检测评价，找出重点区域或重点生产工艺，重点防控。

3. 煤矿噪声防治

（1）控制噪声源。一是选用低噪声设备或改革工艺过程、采取减振、隔振等措施；二是提高机器设备的装配质量，减少部件之间的摩擦和撞击以降低噪声。

（2）控制噪声的传播。采用吸声、隔声、消声材料和装置，阻断和屏蔽噪声的传播。

（3）加强个体防护。在作业现场噪声得不到有效控制的情况下，正确合理地佩戴防噪护具。

三、煤矿职业病管理

1. 建立职业危害防护用品制度

建立职业危害防护用品专项经费保障、采购、验收、管理、发放、使用和报废制度。应明确负责部门、岗位职责、管理要求、防护用品种类、发放标准、账目记录、使用要求等。

2. 建立职业危害防护用品台账

台账中应体现职业危害防护用品种类、进货数量、发出数量、库存量、验收记录、发放记录、报废记录、有关人员签字等。不得以货币或者其他物品替代按规定配备的劳动防护用品。

3. 使用的职业危害防护用品合格有效

必须采购符合国家标准或者行业标准的职业危害防护用品，不得使用超过使用期限的防护用品。所采购的职业危害防护用品应有产品合格证明和由具有安全生产检测检验资质的机构出具的检测检验合格证明。

4. 按标准配发职业危害防护用品

根据煤矿实际，按照国家或行业标准制定本单位职业危害防护用品配发标准，并应告知作业人员。在日常工作中应教育和督促接触较高浓度粉尘、较强噪声等职业危害因素的作业人员正确佩戴和使用防护用品。

5. 健康检查

煤矿企业要依法组织从业人员进行职业性健康体检，上岗前要掌握从业人员的身体情况，发现职业禁忌症者要告知其不适合从事此项工作。在岗期间对作业职工的检查内容要有针对性，并及时将检查结果告知职工，对检查的结果要进行总结评价，确诊的职业病要及时治疗。对接触职业危害因素的离岗职工，要进行离岗前的职业性健康检查，按照国家规定安置职业病病人。

第二节　煤矿从业人员职业病预防的权利和义务

一、从业人员职业病预防的权利

《职业病防治法》第三十九条规定，劳动者享有下列职业卫生保护权利：

（1）接受职业卫生教育、培训。

（2）获得职业健康检查、职业病诊疗、康复等职业病防治服务。

（3）了解工作场所产生或者可能产生的职业病危害因素、危害后果和应当采取的职业病防护措施。

（4）要求用人单位提供符合防治职业病要求的职业病防护设施和个人使用的职业病防护用品，改善工作条件。

（5）对违反职业病防治法律、法规以及危及生命健康的行为提出批评、检举和控告。

（6）拒绝违章指挥和强令进行没有职业病防护措施的作业。

（7）参与用人单位职业卫生工作的民主管理，对职业病防治工作提出意见和建议。

二、从业人员职业病预防的义务

《职业病防治法》第三十四条规定："劳动者应当学习和掌握相关的职业卫生知识，遵守职业病防治法律、法规、规章和操作规程，正确使用、维护职业病防护设备和个人使用的职业病防护用品，发现职业病危害事故隐患应当及时报告。"

这些都是煤矿从业人员应当履行的义务。从业人员必须提高认识、严格履行上述义务，否则用人单位有权对其进行批评教育。

第三节　自　救　与　互　救

在矿井发生灾害事故时，灾区人员在万分危急的情况下，依靠自己的智慧和力量，积极、科学地采取救灾、自救、互救措施，是最大限度减少损失的重要环节。

自救是指在矿井发生灾害事故时，在灾区或受灾害影响区域的人员进行避灾和保护自己。互救则是在有效地自救前提下，妥善地救护他人。自救和互救是减轻事故伤亡程度的有效措施。

一、及时报告

发生灾害事故后，现场人员应尽量了解或判断事故性质、地点、发生时间和灾害程度，尽快向矿调度汇报，并迅速向事故可能波及的区域发出警报。

二、积极抢救

灾害事故发生后，处于灾区以及受威胁区域的人员，应根据灾情和现场条件，在保证自身安全的前提下，采取有效的方法和措施，及时进行现场抢救，将事故消灭在初始阶段或控制在最小范围。

三、安全撤离

当受灾现场不具备事故抢救的条件，或抢救事故可能危及人员安全时，应按规定的避灾路线和当时的实际情况，以最快的速度尽量选择安全条件最好、距离最短的路线，迅速撤离危险区域。

四、妥善避灾

在灾害现场无法撤退或自救器有效工作时间内不能到达安全地点时，应迅速进入预先筑好的或就近快速建造的临时避难硐室，妥善避灾，等待矿山救护队的救援。

第四节　现　场　急　救

现场急救的关键在于"及时"。为了尽可能地减轻痛苦，防止伤情恶化，防止和减少并发症的发生，挽救伤者的生命，必须认真做好煤矿现场急救工作。

现场创伤急救包括人工呼吸、心脏复苏、止血、创伤包扎、骨折的临时固定、伤员搬运等。

一、现场创伤急救

（一）人工呼吸

人工呼吸适用于触电休克、溺水、有害气体中毒、窒息或外伤窒息等引起的呼吸停止、假死状态者、短时间内停止呼吸者，以上情况都能用人工呼吸方法进行抢救。人工呼吸前的准备工作如下：

（1）首先将伤者运送到安全、通风、顶板完好且无淋水的地方。

（2）将伤者平卧，解开领口，放松腰带，裸露前胸，并注意保持体温。

（3）腰前部要垫上软的衣服等物，使胸部张开。

（4）清除口中异物，把舌头拉出或压住，防止堵住喉咙，影响呼吸。

采用头后仰、抬颈法或用衣、鞋等物塞于肩部下方，疏通呼吸道。

1. 口对口吹气法（图4－1）

首先将伤者仰面平卧，头部尽量后仰，救护者在其头部一侧，一手掰开伤者的嘴，另一手捏紧其鼻孔；救护者深吸一口气，紧对伤者的口将气吹入，然后立即松开伤者的口鼻，并用一手压其胸部以帮助呼气。

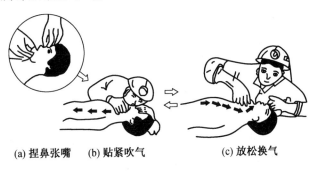

(a) 捏鼻张嘴　　(b) 贴紧吹气　　　　(c) 放松换气

图4－1　口对口吹气法

如此每分钟 14～16 次，有节律、均匀地反复进行，直到伤者恢复自主呼吸为止。

2. 仰卧压胸法（图 4－2）

将伤者仰卧，头偏向一侧，肩背部垫高使头枕部略低，急救者跨跪在伤者两大腿外侧，两手拇指向内，其余四指向外伸开，平放在其胸部两侧乳头之下，借半身重力压伤者胸部挤出其肺内空气；接着使急救者身体后仰，除去压力，伤者胸部依靠弹性自然扩张，使空气吸入肺内。以上步骤按每分钟 16～20 次，有节律、均匀地反复进行，直至伤者恢复自主呼吸为主。

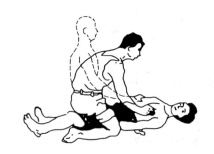

图 4－2　仰卧压胸法

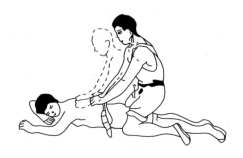

图 4－3　俯卧压背法

3. 俯卧压背法（图 4－3）

此操作方法与仰卧压胸法基本相同，仅是将伤者俯卧，救护者跨跪在其大腿两侧。此法比较适合对溺水急救。

4. 举臂压胸法（图 4－4）

将伤者仰卧，肩胛下垫高、头转向一侧，上肢平放在身体两侧。救护者的两腿跪在伤者头前两侧，面对伤者全身，双手握住伤者两前臂近腕关节部位，把伤者手臂直过头放平，胸

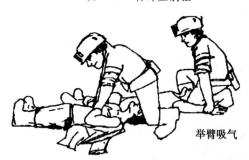

举臂吸气

图 4－4　举臂压胸法

部被迫形成吸气；然后将伤者双手放回胸部下半部，使其肘关节屈曲成直角，稍用力向下压，使胸廓缩小形成呼气，依次有节律的反复进行。此法常用于小儿，不适合用于胸肋受伤者。

（二）心脏复苏

心脏复苏是抢救心跳骤停的有效方法，但必须正确而及时地作出心脏停跳的判断。心脏复苏主要有心前区叩击法和胸外心脏按压术两种方法。

1. 心前区叩击法（图 4－5）

此法适用于心脏停搏在 90 s 内，使伤者头低脚高，救护者以左手掌置其心前区，右手握拳，在左手背上轻叩；注意叩击力度和观察效果。

2. 胸外心脏按压术（图 4－6）

此法适用于各种原因造成的心跳骤停者，在心前区叩击术时，应立即采用胸外心脏按压术，将伤者仰卧在硬板或平地上，头稍低于心脏水平，解开上衣和腰带，脱掉胶鞋。救护者位于伤者左侧，手掌面与前臂垂直，一手掌面压在另一手掌面上，使双手重叠，置于伤者胸骨 1/3 处，以双肘和臂肩之力有节奏地、冲击式地向脊柱方向用力按压，使胸骨压下 3～4 cm。

图4-5 心前区叩击法

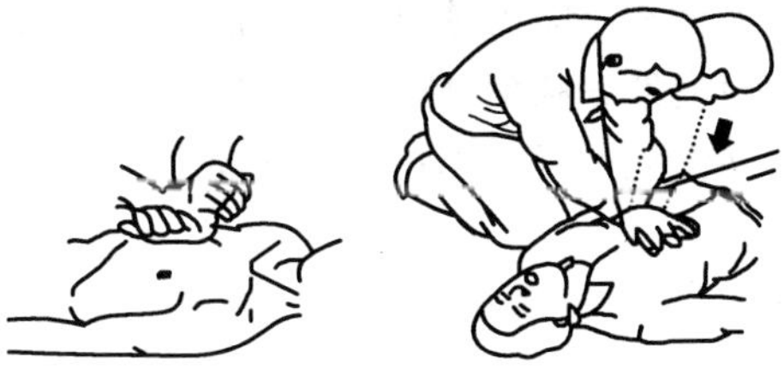

图4-6 胸外心脏按压术

按压后迅速抬手使胸骨复位，以利于心脏的舒张。以上步骤每分钟60~80次，有节律、均匀地反复进行，直至伤者恢复心脏自主跳动为止。此法应与口对口吹气法同时进行，一般每4~5次，口对口吹气1次。

（三）止血

图4-7 加压包扎止血法

针对出血的类别和特征，常用的暂时性止血方法有以下5种。

1. 加压包扎止血法（图4-7）

将干净毛巾或消毒纱布、布料等盖在伤口处，随后用布带适当加压包扎，进行止血。主要用于静脉出血的止血。

2. 指压止血法（图4-8）

用手指、手掌或拳头将出血部位靠近心脏一端的动脉用力压住，以阻断血流。适用于头、面部及四肢的动脉出血。采用此法止血后，应尽快准备采用其他更有效的止血措施。

手指的止血压点及止血区域　　手掌的止血压点及止血区域　　前臂的止血压点及止血区域　　前臂的止血压点及止血区域

下肢骨动脉止血压点及止血区域　　前头部止血压点及止血区域　　后头部止血压点及止血区域　　面部止血压点及止血区域

锁骨下动脉止血压点及止血区域　　　　颈动脉止血压点及止血区域

图4-8 指压止血法

3. 加垫屈肢止血法（图 4 - 9）

当前臂和小腿动脉出血不能制止时，如果没有骨折或关节脱位，可采用加垫屈肢止血法。在肘窝处或膝窝处放上叠好的毛巾或布卷，然后屈肘关节或膝关节，再用绷带或宽布条等将前臂与上臂或小腿与大腿固定好。

　　　图 4 - 9　加垫屈肢止血法　　　　　图 4 - 10　绞紧止血法

4. 绞紧止血法（图 4 - 10）

如果没有止血带，可用毛巾、三角巾或衣料等折叠成带状，在伤口上方给肢体加垫，然后用带子绕加垫肢体一周打结，用小木棒插入其中，先提起绞紧至伤口不出血，然后固定。

5. 止血带止血法（图 4 - 11）

（1）在伤口近心端上方先加垫。

（2）救护者左手拿止血带，上端留 5 寸，紧贴加垫处。

（3）右手拿止血带长端，拉紧环绕伤肢伤口近心端上方两周，然后将止血带交左手中、食指夹紧。

（4）左手中、食指夹止血带，顺着肢体下拉成下环。

（5）将上端一头插入环中拉紧固定。

（6）伤口在上肢应扎在上臂的上 1/3 处，伤口在下肢应扎在大腿的中下 1/3 处。

图 4 - 11　止血带止血法

（四）创伤包扎

创伤包扎具有保护伤口和创面减少感染、减轻伤者痛苦、固定敷料、夹板位置、止血和托扶伤体以及减少继发损伤的作用。包扎的方法如下：

1. 绷带包扎法（图 4 - 12、图 4 - 13）

（1）环形法。

（2）螺旋法。

（3）螺旋反折法。

图 4 - 12　绷带包扎法（一）

图 4 - 13　绷带包扎法（二）

（4）"8"字法。

2. 毛巾包扎法（图 4 - 14 ~ 图 4 - 17）

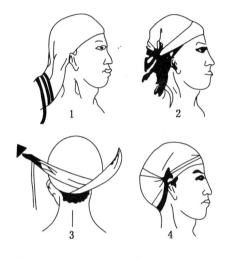

图 4 - 14　毛巾包扎法（一）

肩部包扎法

图 4 - 15　毛巾包扎法（二）

(a) 胸部包扎法　　　(b) 腹部包扎法

图 4 - 16　毛巾包扎法（三）

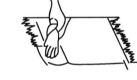

图 4 - 17　毛巾包扎法（四）

（1）头部包扎法（图 4 - 14）。

（2）面部包扎法。

（3）下颌包扎法。

（4）肩部包扎法（图 4 - 15）。

（5）胸（背）部包扎法（图 4 - 16a）。

（6）腹（臀）部包扎法（图 4 - 16b）。

（7）膝部包扎法。

（8）前臂（小腿）包扎法（图 4 - 17）。

（9）手（足）包扎法。

（五）骨折的临时固定

临时固定骨折的材料主要有夹板和敷料。夹板有木质的和金属的，在作业现场可就地取材，利用木板、木柱等制成。

（1）前臂及手部骨折固定方法（图4－18）。

（2）上臂骨折固定方法（图4－19）。

图4－18　前臂及手部骨折固定方法　　　　　图4－19　上臂骨折固定方法

（3）大腿骨折临时固定方法（图4－20a）。

（4）小腿骨折临时固定方法（图4－20b）。

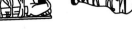

(a) 大腿骨折临时固定方法　　　　　(b) 小腿骨折临时固定方法

图4－20　腿部骨折临时固定法

（5）锁骨骨折临时固定方法（图4－21a、图4－21b）。

（6）肋骨骨折临时固定方法（图4－21c）。

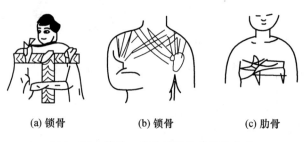

(a) 锁骨　　　　　(b) 锁骨　　　　　(c) 肋骨

图4－21　锁骨、肋骨骨折临时固定方法

（六）伤员搬运

经过现场急救处理的伤者，需要搬运到医院进行救治和休养。

1. 担架搬运法

（1）抬运伤者方向，如图4－22、图4－23所示。

（2）对脊柱、颈椎及胸、腰椎损伤的伤者，应用硬板担架运送，如图4－24所示。

图4-22　抬运伤者时伤者头在后面　　　图4-23　抬运担架时保持担架平稳

（3）对腹部损伤的伤者，搬运时应将其仰卧于担架上，膝下垫衣物，如图4-25所示，使腿屈曲，防止因腹压增高而加重腹痛。

图4-24　抬运脊柱、颈椎及胸、
腰椎损伤的伤者

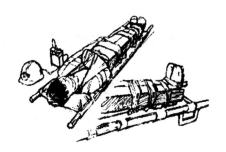

图4-25　腹部骨盆损伤的伤者
应仰卧在担架上

2. 徒手搬运法

（1）单人徒手搬运法。

（2）双人徒手搬运法。

二、不同伤者的现场急救方法

1. 井下长期被困人员的现场急救

（1）禁止用灯光刺激照射眼睛。

（2）被困人员脱险后，体温、脉搏、呼吸、血压稍有好转后，方可送往医院。

（3）脱险后不能进硬食，且少吃多餐，恢复胃肠功能。

（4）在治疗初期要避免伤员过度兴奋，发生意外。

2. 冒顶埋压伤者的现场急救

被大矸石、支柱等重物压住或被煤矸石掩埋的伤者，由于受到长时间挤压会出现肾功能衰竭等症状，救出后进行必要的现场急救。

3. 有害气体中毒或窒息伤者的现场急救

（1）将中毒或窒息伤者抢运到新鲜风流处，如受有害气体威胁一定要带好自救器。

（2）对伤者进行卫生处理和保暖。

（3）对中毒或窒息伤者进行人工呼吸。

（4）二氧化硫和二氧化氮的中毒者只能进行人工呼吸。

（5）人工呼吸持续的时间以真正死亡为止。

4. 烧伤伤者的现场急救

煤矿井下的烧伤应采取灭、查、防、包、送。

图 4-26　控水

5. 溺水人员的现场急救（图 4-26）

煤矿井下的溺水应采取转送、检查、控水、人工呼吸。

6. 触电人员的现场急救

（1）立即切断电源或采取其他措施使触电者尽快脱离电源。

（2）伤者脱离电源后进行人工呼吸和胸外心脏按压。

（3）对遭受电击者要保持伤口干燥。

（4）触电人员恢复了心跳和呼吸，稳定后立即送往医院治疗。

复习思考题

1. 煤矿粉尘的控制方针是什么？

2. 煤矿从业人员职业病预防的义务有哪些？

3. 互救的目的是什么？

4. 在井下搬运颈椎受到损伤的伤员时，应注意哪些事项？

第五章　爆破安全技术基本知识

知识要点
☆ 爆炸现象及分类
☆ 炸药的性能
☆ 爆破的内部作用原理及其作用特点
☆ 爆破的要素
☆ 自由面的概念
☆《煤矿安全规程》对最小抵抗线的有关规定

第一节　爆破基本知识

一、爆炸现象及分类

凡是发生剧烈震动，瞬间伴有声、光、热巨大能量释放的现象称为爆炸现象。根据引起爆炸现象的原因不同，将爆炸现象分为物理爆炸、化学爆炸和核爆炸 3 类。

1. 物理爆炸

由于液体变成水蒸气或者气体迅速膨胀，压力急速增加，并大大超过容器的极限压力而发生的爆炸现象叫作物理爆炸，例如高温蒸汽引起的锅炉爆炸，夏季路面温升引起的汽车轮胎爆炸等现象都是物理爆炸。物理爆炸与化学爆炸的区别是爆炸物质是否发生化学变化，上例所述爆炸前是水蒸气和空气，爆炸后还是水蒸气和空气，没有发生化学变化。

2. 化学爆炸

因物体本身起化学反应，产生大量气体和高温的爆炸称为化学爆炸，例如炸药爆炸，瓦斯、煤尘爆炸，面粉厂、亚麻厂爆炸等。一切挥发性可燃气体与可燃物质，与空气混合后达到一定浓度遇火都会爆炸，生活和生产中必须认识到这一问题的危害性。

3. 核爆炸

原子核裂变或氢核聚变而引起的连锁反应，瞬间释放巨大能量的爆炸现象叫作核爆炸，例如：原子弹、氢弹爆炸。

二、炸药的特征

（一）炸药的主要特征

（1）炸药必须具有较好的相对稳定性，这样才能保证在加工、运输、储存和使用过程中的安全，否则就失去它的使用的价值。

（2）具有可靠的敏感性，当外界给予一定能量击发使其爆炸时，炸药能够准确地起爆与传爆。

（3）瞬间释放出高密度的能量，并产生大量气体和热量具有对周围介质做功的能力，释放能量大小体现放热量大小，也体现热力学参数爆温、爆热的大小；反应速度则体现爆速和猛度的大小，也是炸药爆炸的必备条件。

（二）炸药的化学反应形式

根据炸药化学反应速度不同，将炸药的反应形式分为：热分解、燃烧和爆炸 3 种反应形式。

1. 热分解

热分解是炸药在常温、常压下缓慢氧化、分解生热的过程，反应不容易察觉，温度越高分解越快，如果产生的热量不能及时散失，使温度不断升高，达到爆发点时，热分解就由分解转为燃烧或爆炸，所以贮存的炸药超过贮存期限就会变质而失效。

2. 燃烧

炸药在热源的作用下、靠自身的氧化物燃烧，反应释放出的能量靠热传导来传递，且不需外界供氧。如果温度继续升高，很快由燃烧转为爆炸。炸药燃烧只能用水灭火，不能用沙或封堵办法灭火。

3. 爆炸

炸药爆炸是反应极为迅速的能量释放过程，反应区炸药的压力、温度和密度等状态发生剧烈变化的形式。爆炸反应分为稳定爆炸和不稳定爆炸两种情况，反应速度高传爆稳定的爆炸叫作稳定爆炸，又称为爆轰；反应速度较低传爆不稳定的爆炸称作不稳定爆炸。例如：井下工作面炮孔中出现的残药就是传爆中断的结果。

（三）炸药的氧平衡

炸药是由 C、H、O、N 4 种元素组成，爆炸就是可燃元素与助燃元素之间发生激烈氧化的过程，封闭良好的炮孔爆炸后呈零氧平衡状态，生成气体为二氧化碳和水，爆炸威力最大；如果煤粉未掏净，等于额外给炸药增加了 C、H 元素，爆炸出现负氧平衡，爆炸威力降低，未完全燃烧的煤粉颗粒成为引爆瓦斯的火源，而且产生大量的一氧化碳等有毒气体；如果不封堵炮泥或者放明炮，炸药爆炸出现正氧平衡，也会降低炸药的爆炸威力，同时产生大量的一氧化氮和二氧化氮等有毒气体，该气体对于瓦斯爆炸起催化作用，降低瓦斯爆炸的下限浓度，扩大瓦斯爆炸的危险性。

三、炸药的起爆与传爆

1. 炸药的起爆

利用炸药爆破作业，必须给予炸药足够的能量，使其失去相对平衡稳定性而发生爆炸反应。击发炸药使炸药爆炸所需的最低能量叫做起爆能，击发炸药爆炸的过程叫作起爆。例如：电雷管的起爆能是足够的电能；药卷（炮头）的起爆能量是雷管的爆轰能量，起爆能分为：热能、机械能和爆轰能。

2. 炸药的传爆

炸药被引爆后，爆轰波以高温、高压和高速的冲击状态在炸药中传播能量的形式称为传爆，炸药传爆条件好，爆炸效果也好，传爆不好，就会出现爆轰中断而出现残药。所以对于炮孔装药必须使药卷之间连续，切勿隔上煤粉等杂物，以免影响爆轰波的传递。

3. 影响炸药传爆的因素

（1）炸药的质量。炸药质量好，传爆性能稳定，爆破效果就好。否则炸药结块、结晶变质或水解，都会影响传爆效果，造成爆燃或拒爆。

（2）炸药的颗粒度。矿用炸药是由几种单质炸药混合而成，混合炸药的粒度越细，混合越均匀，爆轰反应越稳定，传爆效果越好。混合炸药按照严格的质量标准加工制造，按照严格的检验、试验结果合格后允许出厂。如果炸药保存不好出现重结晶，颗粒度增大就会影响爆轰效果。

（3）炸药的密度与外壳。矿用炸药按照最佳密度混合配制，密度过小，降低炸药的爆速，传爆不稳定甚至爆轰中断。密度过大，敏感度降低，传爆也不稳定，出现拒爆。煤矿许用 3 号乳化炸药的密度为 0.95 ~ 1.25 g/cm^3，工作中不能人为破坏炸药的最佳密度。目前使用的乳化炸药中加入的珍珠岩起密度调节作用，如果使用过程中炸药受到挤压，珍珠岩破碎，改变了炸药的原来密度，就会使炸药拒爆，出现雷管爆炸药不爆的现象。现在乳化炸药的药卷制成硬壳，目的就是保护炸药的最佳密度，增加爆轰的强度，提高传爆的稳定性。

（4）间隙效应。药卷与孔壁之间的间隙会影响传爆的稳定性，降低爆破效果，还会出现爆燃而引起瓦斯煤尘爆炸事故。解决方法是加大药卷直径，减小间隙采用塑性药卷或采用装药机散装药。

（5）药卷直径。能够稳定爆轰的最小直径叫作临界直径，爆速达到最大值时的直径叫作极限直径。临界直径到极限直径范围都能稳定传爆，小于临界直径时爆速降低甚至熄爆。

（6）起爆能。足够的起爆能是保证传爆稳定性的必要条件，起爆能量不足，爆轰强度低，炸药就容易熄爆或爆燃。

四、炸药的敏感度

1. 敏感度的概念

炸药的敏感度是指炸药在外部能量作用下引起炸药爆炸的难易程度，起爆炸药所需的起爆能量越小，表示炸药越敏感（炸药的感度高），起爆炸药所需的起爆能量越大，表示炸药越钝感（炸药的感度低）。

2. 敏感度分类

炸药的敏感度根据起爆能的形式不同分为机械感度、热感度、爆轰感度、殉爆感度和静电感度等。

（1）机械感度。机械感度是指炸药在机械能作用下发生爆炸的难易程度，又称为冲击感度。如硝铵炸药存在冲击感度，使用中必须妥善保管，不得冲击、碰撞。

（2）热感度。热感度是指炸药在热能作用下发生燃烧、爆炸的难易程度。引起该种炸药爆炸的最低温度称为该种炸药的热感度。引爆炸药的温度越低，表示该种炸药热感度越高。如 2 号煤矿许用铵梯炸药的热感度是 180 ~ 188 ℃；2 号岩石铵梯炸药的热感度是 180 ~ 230 ℃。

【案例一】 东北某露天煤矿，爆破工在炮孔装药时不慎将炸药装入有自然发火的炮孔中，温度达到炸药的热感度而使炸药早爆，造成 3 死 5 伤的重大事故。

1. 直接原因

爆破工违反安全规定，没有对装药孔施行测温后再装药的过程，盲目装药，造成炮孔炸药早爆。

2. 间接原因

班组长对火区情况掌握不清，对违章作业监督不力，导致事故发生。

3. 防范措施

①加强对爆破工的培训，严格执行爆破工持证上岗制度；②爆破工必须按爆破说明书作业；③严格执行"一炮三检"制度，杜绝违章作业。

（3）爆轰感度。爆轰感度是指主发炸药爆炸的能量引起被发炸药爆炸的难易程度，又称为起爆感度。它表示炸药对爆轰波的敏感度，常用殉爆距离表示。井下爆破工作的目的是起爆炸药并稳定传爆，达到较好的爆破效果，所选起爆能的爆速必须大于炸药的稳定爆速（雷管的爆速可达 7000 m/s 以上，大于炸药的爆速 3000 m/s），否则就容易出现爆燃、残爆或拒爆。

（4）殉爆感度。殉爆感度是指主发药卷爆炸引发与其不连续的药卷爆炸的最大距离称为殉爆感度，殉爆距离越大，说明炸药的爆轰感度越高，例如煤矿许用 3 号炸药的殉爆感度不小于 2 cm，那么炮孔中装药时药卷间不得有煤、岩粉等异物，以免产生炸药爆燃或拒爆。殉爆用于岩巷光面爆破周边眼间隔装药，殉爆距离与主发药量成正比，主发药量越大，殉爆距离越远，所以《煤矿安全规程》规定：爆炸物品库和爆炸物品发放硐室附近 30 m 范围内，严禁爆破。

（5）静电感度。炸药的颗粒之间或炸药与其他物体发生摩擦时，会产生静电，积聚电荷可达数万伏，所带的静电量足够大时，静电放电会引起雷管、炸药爆炸事故。所以凡是接触爆破材料的人员，不得穿化纤衣服，井下运送雷管、炸药时，必须装在专用的抗静电爆破材料兜内。

五、炸药的主要性能参数

矿用炸药的性能参数主要有爆力、爆速、猛度和聚能穴。

1. 爆力

爆力是指炸药爆炸产生的气体膨胀对煤、岩体做功的能力，大小取决于爆温、爆热和爆炸气体生成量的多少，爆热越大，爆温越高，爆炸气体生成量越多，炸药的爆力就越大，反之越小。

图 5-1 是炸药爆力铅弹试验方法，一般采用铅柱扩孔法。炸药爆炸后铅柱的扩孔量即为该炸药的爆力，单位：mL。

2. 爆速

爆速是爆轰波在炸药中传播的速度，矿用炸药的爆速一般在 3000 m/s 左右，雷管爆速在 7000 m/s 左右。爆速是衡量炸药性能的重要指标，爆速高，爆轰波传爆稳定，爆破效果好；爆速低，传爆不稳定，甚至熄爆或爆燃。井下爆破工作中有时出现炮眼喷火，炮烟呛人就是炸药不稳定传爆的典型。

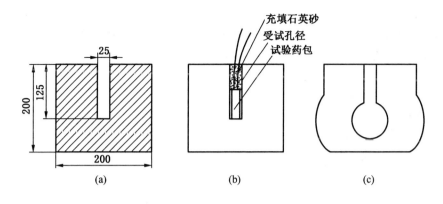

图 5 - 1　炸药爆力铅弹试验方法

3. 猛度

炸药的猛度指炸药爆炸时对周围煤、岩冲击粉碎的强度，猛度越大，对煤、岩粉碎破坏强度越大。猛度的大小取决于爆速，爆速越高，猛度越大，破碎煤岩的能力越强。猛度的试验测定方法有多种，最常用的方法是铅柱压缩法，如图 5 - 2 所示。

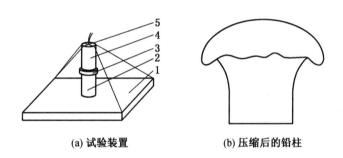

1—钢钻；2—铅柱；3—钢圆片；4—受试药柱；5—雷管

图 5 - 2　炸药猛度试验方法

对不具有雷管感度的炸药，可增大受试药柱的药量（取 100 g），用钢筒作药柱外壳，并以起爆药柱引爆。

4. 聚能穴

炸药和雷管的一端都有一个窝心，这个窝心叫作聚能穴。其作用是把轴线方向的能量集中起来，形成聚能流（图 5 - 3），增强轴线方向的传爆能力。所产生的聚能流又叫作聚能效应。

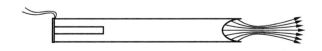

图 5 - 3　装药前端有空穴时形成的聚能流

5. 含水率

炸药的含水率过大,影响炸药的传爆性能,煤矿井下不得使用含水率大于 0.3% 铵梯炸药。鉴别方法一般用手攥药粉不散即为含水率大于 0.3%。

六、炸药的热力学参数

炸药的热力学参数有爆热、爆温、爆压和爆容,它们都是炸药爆炸性能的重要指标。

(1) 爆热。炸药爆炸释放出的热量叫作爆热,爆热值越高,爆炸威力越大,工业炸药的爆热值一般在 3300 ~ 5900 kJ/kg。

(2) 爆温。爆热将爆炸产物加热到最高温度称为爆温,常用工业炸药的爆温在 2300 ~ 4300 ℃之间。

(3) 爆压。炸药在爆炸过程中产生的压力。

(4) 爆容。单位重量的炸药爆炸后生成的气体产物的体积量为爆容,单位:L/kg。

爆温取决于爆热和爆速,又与炮泥堵塞质量有关,爆热越大,爆速越高,包装和炮泥堵塞越紧密爆温越高炸药做功能力越大。因此,提高炸药的爆温,就可以增加炸药膨胀做功的能力。

第二节　爆破内部作用原理及应用

一、爆破内部作用原理

当药包在岩体内部爆炸产生内部作用时,由于爆炸气体和岩石形成应力波的共同作用,以药包为中心,岩石由里向外遭受不同程度的破坏,分别形成压缩区、裂隙区和震动区。如图 5 -4 和图 5 -5 所示。

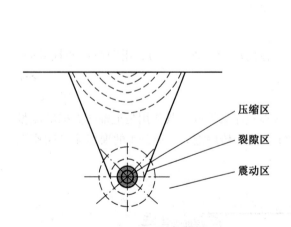

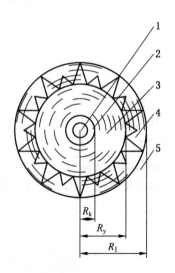

1—装药区;2—扩大空腔;3—压缩区;4—裂隙区;5—震动区;
R_k—空腔半径；R_y—压缩区半径；R_1—裂隙区半径

图 5 -4　爆炸作用效果　　　　　　　　　图 5 -5　装药爆破的内部作用

（1）压缩区。在此区内岩石受高压作用，结构完全被破坏而粉碎，产生较大的塑性形变。

（2）裂隙区。由于压力下降，岩石不再被压碎，本身结构没有发生大的变化，由于拉伸应力波的作用，形成辐射状的径向裂缝和环形裂缝纵横交错的区域。

（3）震动区。岩石没有受到任何破坏，只发生震动，其强度随距爆炸中心的距离增大而逐渐减弱，直至完全消失。

二、内部爆破作用在煤矿井下的应用

内部爆破作用原理用于预防冲击地压对采煤工作面的破坏、防止瓦斯突出等方面起到了明显的作用，例如，鹤岗兴安煤矿、南山煤矿曾利用内部爆破作用原理对有冲击地压区域的采煤工作面顶、底板岩石采用深孔放震动炮泄压的方法来控制冲击地压的破坏。放震动炮震动泄压后，冲击地压明显减小，瓦斯抽放效率提高，对降低煤层中的瓦斯含量，抑制瓦斯突出起到了明显的效果，也有利于安全生产。

【案例二】2004年9月22日19时28分，东北某矿四采区某采煤工作面回风巷发生一起重大顶板事故，造成8人死亡、1人轻伤，直接经济损失45.35万元。

事故发生在二水平北三层三区二段一分层某采煤工作面回风巷，该工作面煤层厚度2.5～4.2 m，走向385 m，倾斜长120 m，倾角28°。工作面直接顶为6～16 m的灰白色细砂岩，基本顶为50 m厚灰色砾岩，底板为30 m厚的灰白色细砂岩，均为坚硬岩层，煤层为中硬。工作面支护为四、五排管理，使用DZ－22型单体液压支柱与HDJA－800型铰接顶梁配套支护，正悬臂，齐梁齐柱布置，排距0.8 m，柱距0.6 m，最大控顶距4.2 m，最小控顶距3.4 m，设计采高1.8 m。工作面特殊支护实行斜戗柱和倾斜戗柱的双戗管理。采用走向长壁采煤法，炮采落煤。顶板管理为全部垮落法。刮板输送机头支护采用4对8根Ⅱ形钢梁每梁4柱。两道超前支护实行"二、四"排管理。

该工作面回风道压力较大，开采期内多次发生底鼓、片帮现象，且经多次恢复，加强支护。邻近停采线，因回风巷道频繁来压，破坏严重，矿领导决定该面于9月22日大班停采，全力恢复回风道断面，为放关门顶做准备工作。大班由生产副区长徐某、跟班副队长孙某带领两名维修工人侯某、宋某及大班其他所有人员加固回风道棚子、出货，以便行人运料畅通。当天下午班出勤26人，全部在工作面作业。由于工作量较大，大班有7人没有升井，继续维护回风道，由夜班值班队长周某、技术员刘某将饭带入井下，19时25分泵站停压，副区长徐某派宋某到泵站看情况，其余8人边研究工作边在回风巷道吃饭，瞬间回风道突然发生冲击地压，底煤鼓起，棚子下墩，回风巷道距工作面27～47 m范围内基本冒严，将8人当场埋住，经全力抢救，至23日10时45分将最后一名遇难者尸体扒出，当日17时将遇难者运至井上，并予以妥善处理。

1. 事故原因

由于开采程序不合理，逐渐形成孤岛煤柱，造成集中应力叠加，在多向高应力的作用下，使该采煤工作面回风巷周围（煤）岩体积聚有大量弹性能和部分岩体接近极限破坏状态，由于工作面放顶、震动等外力的诱发作用，使采煤工作面回风巷周围岩体力学平衡状态遭到破坏，煤岩体发生脆性破坏，积聚的高应力弹性能突然释放，产生冲击地压现象，导致该事故发生。

2. 防范措施

（1）对冲击地压煤层的施工必须有专项批准的措施。

（2）对冲击地压煤层的开采必须要选用合理的开采程序，避免形成应力集中区域。

（3）实行远距离爆破，人员必须在有安全防护措施的地点爆破。

第三节　爆破外部作用原理

装药爆破时，爆破作用效果与埋置药量和埋置深度有关。对于一定的装药量来说，若其在岩石内的装药埋置深度为（用 W 来表示）$W_1 > W_2 > W_3 > W_4$。当 W 超过某一数值 W_L（临界抵抗）时，炸药爆炸后，在自由面上看不到爆破作用的迹象，爆破作用只发生在岩体内部，这种爆破作用称为内部爆破作用，如图 5 - 6a 所示。当 $W < W_L$ 时，装药爆炸后，爆炸作用就显露在自由面，这种爆破作用称为外部爆破作用，如图 5 - 6c、图 5 - 6d 所示。临界抵抗线 W_L 如图 5 - 6b 所示，它取决于炸药的种类、装药量和岩石性质。

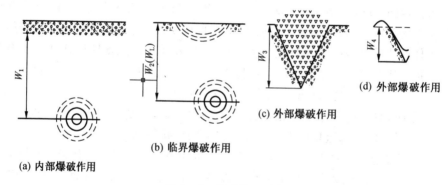

(a) 内部爆破作用　　(b) 临界爆破作用　　(c) 外部爆破作用　　(d) 外部爆破作用

图 5 - 6　爆破作用形式

第四节　爆破漏斗几何要素及形式

一、爆破漏斗的几何要素

当装药的最小抵抗小于其临界抵抗时，在岩石中爆破产生外部作用。除在装药周围形成压缩区、裂隙区和震动区外，还将破碎岩石向自由面方向抛出形成一个爆破坑，这个爆破坑称之为爆破漏斗。爆破漏斗的几何要素如图 5 - 7 所示。

在工程爆破中，常把爆破漏斗半径 r 与最小抵抗线 W 的比值称之为爆破作用指数 n，即 $n = r/W$。

当采掘工作面只有一个自由面时，一般均采用爆破漏斗的方法，以增加自由面，提高爆破效率。

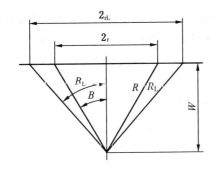

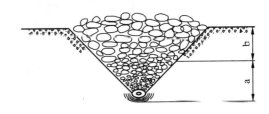

r_L—抛掷爆破漏斗半径；r—松动爆破漏斗半径；

B—松动爆破漏斗半角；B_L—抛掷爆破漏斗半角；

R_L—抛掷作用半径；R—松动

作用半径；W—最小抵抗线

图 5－7　爆破漏斗的几何要素

a—内松动破碎区；

b—外松动破碎区

图 5－8　松动爆破漏斗

二、爆破漏斗的形式

爆破漏斗是工程爆破的最基本形式。由于炮眼的装药量不同，爆破后产生的爆破漏斗半径和爆破作用指数也不同。根据爆破作用指数的大小，爆破漏斗可分为松动爆破漏斗和抛掷爆破漏斗。

1. 松动爆破漏斗

当爆破后不形成明显漏斗，漏斗内破碎的岩石只发生隆起，没有大量岩石抛掷现象，这种爆破漏斗称为松动爆破漏斗，如图 5－8 所示。

2. 抛掷爆破漏斗

爆破后，炮眼附近破碎的岩石被抛出，其形成的漏斗称为抛掷爆破漏斗。抛掷爆破漏斗主要有下列几种：

（1）当 n 大于 1 时，形成加强抛掷爆破漏斗，其漏斗底角大于 90°，如图 5－9a 所示。

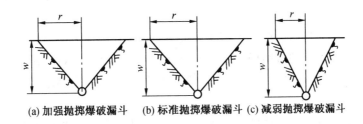

(a) 加强抛掷爆破漏斗　(b) 标准抛掷爆破漏斗　(c) 减弱抛掷爆破漏斗

图 5－9　抛掷爆破漏斗类型

（2）当 n 等于 1 时，形成标准爆破漏斗，漏斗底角为 90°，如图 5－9b 所示。

（3）当 n 大于 0.75 而小于 1 时，形成减弱爆破漏斗，漏斗底角为锐角，即小于 90°，而大于 73°，如图 5－9c 所示。

抛掷作用半径主要与炸药性质、岩石性质、装药量和最小抵抗线有关。因此使用什么样的爆破漏斗必须与这些因素一同考虑。煤矿采煤工作面一般选用 n 大于0.8而小于1.0的减弱爆破漏斗，可以使岩石不至于抛掷过远，便于装岩，并有利于平行作业；煤矿掘进工作面的掏槽眼一般选用 n 略大于1的爆破漏斗。

第五节　自由面与最小抵抗线

一、自由面概念

自由面是指某种介质与空气接触的界面。爆破时，位于药包附近被爆破的煤（岩）体与空气接触的界面叫爆破自由面。

二、最小抵抗线概念

从装药中心到自由面的最短距离称为最小抵抗线，如图5－10所示。

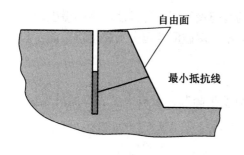

图5－10　最小抵抗线

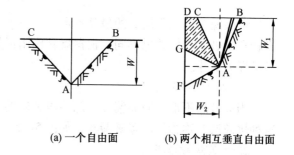

(a) 一个自由面　　　　(b) 两个相互垂直自由面

图5－11　自由面数对爆破作用影响示意图

三、自由面的作用

在一个自由面的情况下，用单个炮眼爆破时，只产生一个爆破漏斗 ABC，如图5－11a所示。

当有较多可利用的自由面时，炸药能量主要朝各个自由面方向释放，但一般以最弱面为核心。在两个近于垂直的自由面用单个炮眼爆破时，如图5－11b所示，当最小抵抗线 $W_1 \geqslant W_2$ 时，则产生两个漏斗 ABC 和 AFG，漏斗间岩体 ACDG 也随之崩落。崩落的岩体为断面 ABDF。

具有自由面是进行爆破工作的必要条件。一般自由面越多，爆破效果越好，炸药爆炸能量的利用率越高，炸药的消耗量越少。有资料认为，炸药爆炸所受爆炸压力与炸药的密度、爆速和炮泥堵塞状态成正比，两个自由面的炸药消耗量是一个自由面的60%，3个自由面可以降低到40%。因此，为了有效地进行爆破，总是设法创造自由面，合理布置炮眼和选择合理的爆破方式，如掘进工作面的掏槽、采煤工作面的开口、选用毫秒延期电雷管爆破，都是为了增加自由面。

四、最小抵抗线的相关规定

《煤矿安全规程》规定：工作面有 2 个及以上自由面时，在煤层中最小抵抗线不得小于 0.5 m，在岩层中最小抵抗线不得小于 0.3 m。浅孔装药爆破大块岩石时，最小抵抗线和封泥长度都不得小于 0.3 m。

随着自由面个数的增加，最小抵抗线个数也相应增加。炸药爆炸时，爆炸能朝最弱自由面集中，其冲击波首先冲破抵抗线最小的自由面。如果违反《煤矿安全规程》的规定，使最小抵抗线小于规定值，爆炸生成高温、高压的气流和冲击波，容易引爆瓦斯和煤尘事故，同时抵抗线太小或炸药达不到完全爆炸，爆炸生成的灼热固体颗粒也容易引燃或引爆瓦斯和煤尘，因此违反《煤矿安全规程》关于最小抵抗线的规定是极其危险的。

复习思考题

1. 什么是物理爆炸，什么是化学爆炸？
2. 炸药爆炸的主要特征有哪些？
3. 什么是炸药的氧平衡？
4. 炸药聚能穴的作用是什么？
5. 内部爆破在煤矿井下的具体应用有哪些？
6. 简要说明爆破后产生的爆破漏斗半径和爆破作用指数的影响因素。

第六章　爆破材料及发爆器

知识要点

☆ 矿用炸药

☆ 矿用起爆材料的种类、性能及适用条件

☆ 发爆器的检查与使用

☆ 爆破网路的检测方法

☆ 爆破材料的领、退、运送制度

☆ 运送爆炸材料时常见的安全事故

第一节　矿用炸药及分类

一、矿用炸药的种类

（一）按照主要成分分类

矿用炸药按照主要成分可分为硝铵类炸药、含水类炸药和硝化甘油类炸药 3 类。

（1）硝铵类炸药是以硝酸铵为主要成分并加入其他成分的混合炸药。硝铵类炸药很容易从空气中吸潮、结块变硬。结块变硬的炸药容易拒爆、残爆和爆燃且产生大量有毒气体。

（2）含水类炸药是近几十年发展起来的新型炸药。它是以硝酸铵和硝酸钠为氧化剂的水溶液等几十种成分组成的混合炸药，由于其成分中含有大量的水，爆温较低，利于安全，是一种有发展前景的炸药。

（3）硝化甘油类炸药是以硝化甘油为主要成分并加入其他成分组成的非安全性抗水炸药，此类炸药机械感度高，安全性差，因此除无瓦斯的特坚硬有水岩石工作面之外，煤矿井下有瓦斯煤尘爆炸危险的工作面中禁止使用该类炸药。

（二）按应用范围和使用条件分类

矿用炸药按其是否允许在井下有瓦斯或煤尘爆炸危险的采掘工作面使用情况，分为煤矿许用炸药和非煤矿许用炸药两类。

（1）煤矿许用炸药的常用种类有煤矿许用铵梯炸药（包括抗水煤矿许用铵梯炸药）、煤矿许用水胶炸药、煤矿许用乳化炸药和离子交换型高安全度炸药及被筒炸药等。

（2）非煤矿许用炸药的常用种类有岩石铵梯炸药（包括抗水型岩石铵梯炸药）、粉状高威力炸药、硝化甘油类炸药、岩石水胶炸药、岩石乳化炸药等。

（三）按化学成分组成分类

矿用炸药按化学成分可分为单质炸药和混合炸药。目前使用的矿用炸药都属于混合炸药。单质炸药只用于雷管中的起爆药和混合炸药中的敏化剂部分，例如雷管中的起爆药二硝基重氮酚和黑索金，炸药中的敏化剂 TNT 等。

二、对煤矿许用炸药的基本要求

（1）在保证爆破做功能力条件下，煤矿许用炸药的爆炸能量要受到一定的限制，使炸药爆炸后的爆热、爆温及爆压符合安全等级要求。爆炸能量越低，爆轰波产物的温度也越低，从而使瓦斯煤尘的发火率降低。

（2）煤矿许用炸药反应必须完全。爆炸产物中的固体颗粒和爆生有毒气体的量符合国家标准，保证炸药的安全性。

（3）煤矿许用炸药的氧平衡必须接近于零。正氧平衡的炸药爆炸时，能生成氧化氮和初生态的氧，容易引燃瓦斯及煤尘。而负氧平衡的炸药，爆炸反应不完全，会使未完全反应的固体颗粒增多，容易生成一氧化碳，引起二次燃烧。无论是正氧平衡还是负氧平衡的炸药，在爆炸反应时都会使炸药的安全性降低。

（4）煤矿许用炸药中要加入消焰剂。加入消焰剂可以起到阻化作用，从根本上抑制爆炸产物引燃瓦斯。

（5）煤矿许用炸药不能含有易于在空气中燃烧的物质和外来杂物。如易燃的金属粉（如铝、镁粉等），也不允许使用铝壳雷管。

（6）有较好的爆轰感度和传爆能力，保证爆轰稳定。

三、对煤矿许用炸药的相关规定

《煤矿安全规程》规定，井下爆破作业，必须使用煤矿许用炸药和煤矿许用电雷管。煤矿许用炸药的选用应遵守下列规定：

（1）低瓦斯矿井的岩石掘进工作面，使用安全等级不低于一级的煤矿许用炸药。

（2）低瓦斯矿井的煤层采掘工作面、半煤岩掘进工作面，使用安全等级不低于二级的煤矿许用炸药。

（3）高瓦斯矿井，使用安全等级不低于三级的煤矿许用炸药。

（4）突出矿井，使用安全等级不低于三级的煤矿许用含水炸药。

煤矿许用炸药的安全等级及其使用范围是经过长期的生产实践和严格的检验后确定的。不得使用未经安全鉴定的炸药或超越许用范围使用炸药，否则就会引起瓦斯、煤尘爆炸。

根据上述规定，煤矿许用炸药的安全等级及使用范围见表6－1。

四、常见异常矿用炸药对安全爆破的影响

（1）铵梯炸药受潮或超过保质期发生硬化。鉴别硬化的方法有：从药卷的外观上看药卷是否受潮、渗水、滴水或出现浆状物，用手轻轻揉搓无硬块；取样化验，看水分是否超过0.3%。硬化的炸药不准在煤矿井下使用，因为炸药硬化后爆力降低，感度差，传爆不好，容易产生残爆、爆燃，以至拒爆，爆轰不稳定，增加了爆破后引燃瓦斯、煤尘的危险性。

表6-1 煤矿许用型炸药的安全性等级及使用范围

炸药名称	炸药安全等级	使用范围
2号煤矿铵梯炸药	一级	低瓦斯矿井无瓦斯岩石掘进工作面
2号抗水煤矿铵梯炸药	一级	低瓦斯矿井无瓦斯岩石掘进工作面
一级煤矿许用水胶炸药	一级	低瓦斯矿井无瓦斯岩石掘进工作面
3号煤矿铵梯炸药	二级	低瓦斯矿井煤层采掘工作面
3号抗水煤矿铵梯炸药	二级	低瓦斯矿井煤层采掘工作面
二级煤矿许用乳化炸药	二级	低瓦斯矿井煤层采掘工作面
三级煤矿许用水胶炸药	三级	煤与瓦斯突出矿井
三级煤矿许用乳化炸药	三级	煤与瓦斯突出矿井
四级煤矿许用乳化炸药	四级	煤与瓦斯突出矿井
离子交换炸药	五级	煤与瓦斯突出矿井

（2）炸药性能不稳定。雷管起爆后，药卷不爆或爆炸不完全而出现剩余残药，爆轰不稳定，易引起瓦斯、煤尘爆炸。

（3）外皮破损，出现漏药、破乳。这种情况使炸药难以爆炸，即使爆炸，也容易造成爆燃或残爆，使爆破故障增多，达不到爆破工作的要求。

（4）当气温较低，特别在0℃以下时，含水炸药的爆炸性能随温度降低而下降，有可能出现残爆或拒爆。因此，含水炸药应在0℃以上使用为好，药温不宜过低。

第二节 起 爆 材 料

一、电雷管的种类

（1）普通电雷管包括普通瞬发电雷管、秒延期电雷管和毫秒延期电雷管。

（2）煤矿许用电雷管包括煤矿许用瞬发电雷管和煤矿许用毫秒延期电雷管。

二、电雷管的结构与性能

（一）电雷管的结构

电雷管的主要结构有管壳、加强帽、电雷管装药、电引火装置和延期装置。

1. 管壳

常用的管壳有铜壳、纸壳、覆铜管壳和法兰铁壳。管壳的作用是保护雷管装药免受外界的能量作用和温度影响，并使炸药爆轰成长迅速。

国家标准规定，铜、铁管管壳壁厚不应小于0.2 mm，纸管壳壁厚不应小于0.9 mm。

2. 加强帽

加强帽是置于管壳与起爆药之间的金属或其他材料的小管。管底中心有一传火孔，可以防止漏药、增加电雷管的强度、抗外界冲击并阻止起爆点火时气体漏掉，使起爆药的爆轰成长迅速。

3. 电雷管装药

电雷管装药是决定电雷管性能的基本元件。电雷管分正、副两种起爆药,正起爆药多采用二硝基重氮酚(DDNP)装入电雷管上部;副起爆药多采用猛炸药黑索金,装入电雷管底部。正起爆药有一定感度,先起爆可以保证雷管起爆的准确性,又能使副起爆药(钝感猛炸药)安全起爆,从而使雷管有足够的起爆能力。现在,有些电雷管用高氯酸二碳酰肼合镉(GTG)或新型球形糊精叠氮化铅替代二硝基重氮酚,以提高电雷管的爆炸能和安全性。

4. 电引火装置

电引火装置是接收外界能量并传递给电雷管装药的点火元件。当电流通过桥丝或药剂时,将电能转为热能作用于发火药剂,使发火药剂点燃,再将热能传递给起爆药或延期药,引燃电雷管爆炸。电引火装置有直插式(图6-1a)和药头式(图6-1b)两种,其区别仅在于有无药头。电引火装置的组成元件有:

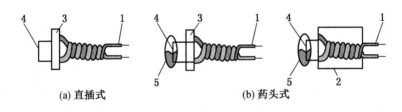

(a) 直插式　　　　　　　　(b) 药头式

1—脚线;2—塑料塞;3—圆纸片;4—桥丝;5—发火药头

图6-1　电引火装置结构图

(1)脚线。脚线为聚氯乙烯绝缘的铜线或镀锌铁线,长度一般为2 m,直径0.45 ~ 0.60 mm。

(2)桥丝。桥丝焊接在两根脚丝的末端,长度为3 ~ 3.5 mm,直径为0.04 ~ 0.05 mm。

(3)发火药头。发火药头是涂在桥丝上的滴状引火药,起爆时因桥丝产生高温点燃引火药头,再引爆管体内的起爆药。直插式引火装置无发火药头,桥丝直接插在散状正起爆药中,正起爆药兼有引火药的作用。

(4)塑料塞。起固定桥丝的作用。

5. 延期装置

在普通型延期电雷管中,常采用燃烧时生产微量气体的延期药来达到延期的目的,通过改变延期药的成分、配比、药量和压药密度来控制延期时间。煤矿许用型延期电雷管则是在煤矿许用瞬发电雷管基础上增加一个控制延期时间的延期元件。此延期元件为5芯铅管体,置于引火装置和起爆药之间,在规定的延期时间燃烧完后使电雷管爆炸。

(二)电雷管的性能

1. 电雷管动作时间

电雷管从通电开始到爆炸的时间为动作时间。电雷管在通入特定电流(康铜丝为2 A恒定直流电,镍铬丝为1.2 A恒定直流电)时,测得的动作时间称为电雷管的秒量,以 s 或 ms(1 ms =1/1000 s)来表示。国产秒延期电雷管和毫秒延期电雷管用1.5 A恒定直流电测定的动作时间即秒量。

2. 电雷管全电阻

桥丝电阻和脚线电阻之和为电雷管全电阻，简称电雷管电阻。电雷管全电阻对安全爆破影响很大，在电雷管发放前必须逐个测定，排除断路、短路、电阻特大或特小的电雷管，使同一网路的电雷管电阻差不应超过相关规定。不同厂家或同一厂家不同批次生产的电雷管，即使其电阻相同或相近，电引火特性也不一定相同，因而不能混用，以防止电阻差太大或引火特性不同而发生拒爆或丢炮。国产电雷管电阻范围见表6－2。

表6－2 电雷管电阻范围

项　　目	雷管电阻/Ω			
	康　铜　桥　丝		镍　铬　铜　丝	
铁脚线	平均值3左右	最大值不超过4	平均值3左右	最大值不超过6.3
铜脚线	平均值1.2左右	最大值不超过1.5	平均值1.2左右	最大值不超过3.8

注：本电阻范围仅指脚线为2m长的电雷管。

3. 电雷管最大安全电流

在一定时间内（5 min），给电雷管通以恒定直流电而不发火的最大电流称为电雷管最大安全电流。国家标准规定，电雷管的安全电流为50 mA。考虑到足够的安全系数，一般国产电雷管最大安全电流，康铜桥丝（铜镍合金）为0.30～0.55 A，镍铬桥丝（镍铬铁合金）为0.125～0.175 A。目前检查、测量电雷管导通性和电阻值的仪表，其工作电流不得超过50 mA。

4. 最小发火电流

通过恒定直流电流，在1 min内一定引燃发火药头的最小电流称为最小发火电流。测定时，单发测试，从小到大改变电流，直到全部25发电雷管全部爆炸时的电流值，作为单个电雷管的最小发火电流。如果缩短通电时间，又要求电雷管准爆，则必须增大电流。国家标准规定，任何厂家生产的电雷管，其最小发火电流均不得超过0.7 A。一般国产电雷管的最小发火电流，康铜桥丝电雷管为0.4～0.7 A，镍铬桥丝电雷管为0.20～0.25 A。

实际工作中，通过单个电雷管的电流应大于最小发火电流。采用直流电起爆时，准爆电流取2.5 A，采用交流电起爆时，准爆电流取4 A，以保证电雷管可靠起爆。

5. 串联准爆电流

将电雷管分成若干组预先串联起来，每组20发，然后以恒定直流电由小到大一次通入各串联组，连续3次使组内雷管全部爆炸的最小电流为串联准爆电流。

标准规定，20发雷管串联时，康铜桥丝电雷管不大于2 A恒定直流电，镍铬桥丝电雷管不大于1.2 A恒定直流电，应全部爆炸。

6. 4 ms发火电流

通电4 ms后即能使电雷管发火，连续测试20发都能引爆的直流电流值，称为4 ms发火电流，此数值对实际安全工作有重要意义。由于在4 ms内，网路上所有的电雷管已经得到足够的起爆电流，即使最先爆炸的雷管和被爆破的岩块破坏了爆破网路，发生在4 ms之后的电雷管得到了足够的电能，断电后并不影响雷管继续引火和传爆；4 ms后爆破网路自动断电，爆破导致导线线头相碰时，也不会产生火花而引起瓦斯和煤尘爆炸事故，从而能确保爆破工作的安全。

7. 起爆能力

起爆能力即电雷管起爆时所具有的能量。电雷管中的起爆药量越多，起爆能力就越强。工业雷管按起爆能量划分为10个号段，号段越大，起爆能力就越强。我国通常只生产6号和8号电雷管，井下用的电雷管大多是8号电雷管。

三. 瞬发电雷管

通电流后瞬间爆炸的电雷管为瞬发电雷管，其构造如图6-2所示。

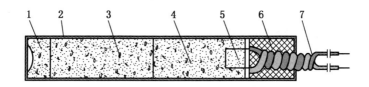

1—副起爆药（头遍药）；2—纸管壳；3—副起爆药（二遍药）；
4—正起爆药；5—桥丝；6—硫黄；7—脚线
图6-2 瞬发电雷管

瞬发电雷管为直插式引火装置，无加强帽，构造比较简单，引发过程是由电流通过桥丝产生电阻热，瞬间点燃并引爆正起爆药，继而引爆副起爆药。当正起爆药一经点燃后，即使电流中断也能爆炸。瞬发电雷管由通电到爆炸时间小于13 ms，无延期过程。

瞬发电雷管可分为普通型和煤矿许用型两种，后者可用于高瓦斯矿井和煤与瓦斯突出矿井。

瞬发电雷管在巷道掘进中只能用于全断面分次爆破，其保质期一般为2年。

四、秒延期电雷管

通入足够的电流后，各电雷管间隔数秒才爆炸的雷管，称秒延期电雷管。秒延期电雷管共分为7段，用1.5A恒定直流电测定，各段从通电到电雷管起爆的延期时间及脚线颜色标志见表6-3。

表6-3 国产秒延期电雷管的延期时间及标志

段别 规格	1	2	3	4	5	6	7
延期时间/s	0.1	1.0 + 0.5	2.0 + 0.6	3.1 + 0.7	4.3 + 0.8	5.6 + 0.9	7.0 + 1.0
脚线颜色	灰蓝	灰白	灰红	灰绿	灰黄	黑蓝	黑白

秒延期电雷管的构造与瞬发电雷管基本相同，如图6-3所示。主要区别是：

（1）电引火装置不是直插式，而是药头式。

（2）电引火装置与正起爆药间增加了一段延期药或缓燃剂作为延期引爆元件，通过改变导火索的长短或燃烧速度就可以得到各个段的不同延期时间。

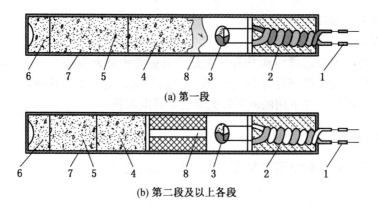

(a) 第一段

(b) 第二段及以上各段

1—脚线；2—硫黄；3—引火药头；4—正起爆药；5—副起爆药（二遍药）；
6—副起爆药（头遍药）；7—雷壳管；8—加强帽

图6-3 秒延期岩石电雷管

（3）设有出气孔，为排出导火索燃烧时产生的气体而不影响导火索的燃速。

（4）第一段没有延期引爆元件，相当于瞬发雷管，但电引火装置为药头式，并有加强帽，起爆威力较大，电阻值也有所差别，故不能与瞬发电雷管相互替用，否则因桥丝电引火特性或电阻差值过大而造成拒爆。

五、毫秒延期电雷管

通电后以若干毫秒间隔时间延期爆炸的电雷管为毫秒延期电雷管，简称毫秒电雷管。

毫秒延期电雷管的构造与秒延期电雷管基本相同，只是延期药种类不同。毫秒电雷管分为普通型和煤矿许用型两种。国产普通型毫秒延期电雷管共20段，如图6-4所示。用1.5 A恒定直流电测定，各段延期时间及脚线颜色标志见表6-4。

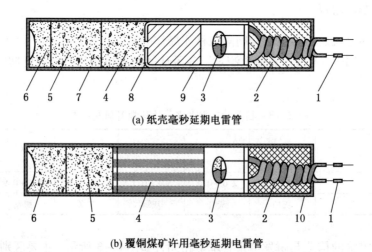

(a) 纸壳毫秒延期电雷管

(b) 覆铜煤矿许用毫秒延期电雷管

1—脚线；2—硫黄；3—引火药；4—正起爆药；5—副起爆药（二遍药）；6—副起爆药（头遍药）；
7—纸管壳；8—内铜管；9—延期引爆药；10—铜管壳

图6-4 毫秒延期电雷管

普通型毫秒电雷管由于金属管壳、加强帽、聚乙烯绝缘脚线包皮等在雷管爆炸时易产生灼热碎片和残渣，延期药燃烧时喷出高温颗粒残渣，副起爆药爆炸时产生高温火焰等原因，仍有引爆瓦斯的可能性。为了避免出现这些情况，煤矿许用毫秒电雷管经过改进，除在猛炸药中加入消焰剂，还将延期药装入铅延期体的5个细管中，并采用加厚管壁等措施，有效地解决了上述不安全因素。所以，煤矿许用毫秒延期电雷管用于煤矿井下所有爆破作业时能确保爆破安全。煤矿许用毫秒延期电雷管结构如图6-4所示。普通毫秒延期电雷管与煤矿许用毫秒延期电雷管的结构相同，区别在于材质、工艺和有无消焰剂。

表6-4　国产毫秒延期电雷管延期时间与标志

类型	段别	延期时间/ms	脚线颜色	类型	段别	延期时间/ms	脚线颜色
煤矿安全许用型	1	13	灰红	普通型	11	460 ± 40	用数字牌区分
	2	25 ± 10	灰黄		12	550 ± 45	用数字牌区分
	3	50 ± 10	灰蓝		13	650 ± 50	用数字牌区分
	4	75^{+15}_{-10}	灰白		14	760 ± 55	用数字牌区分
	5	100 ± 15	绿红		15	880 ± 60	用数字牌区分
普通型	6	150 ± 20	绿黄		16	1020 ± 70	用数字牌区分
	7	200^{+15}_{-10}	绿白		17	1200 ± 90	用数字牌区分
	8	250 ± 25	黑白		18	1400 ± 100	用数字牌区分
	9	310 ± 30	黑黄		19	1700 ± 130	用数字牌区分
	10	380 ± 35	黑白		20	2000 ± 150	用数字牌区分

毫秒延期电雷管应用广泛，它是实施毫秒爆破的主要器材。普通型毫秒延期电雷管可广泛用于各类爆破工程中，但不能用于煤矿井下爆破作业。煤矿许用毫秒延期电雷管可适用于有瓦斯或煤尘爆炸危险的采掘工作面、高瓦斯矿井或煤与瓦斯突出矿井。毫秒延期电雷管的保质期一般为1年半。

六、雷管使用范围的规定

（1）《煤矿安全规程》规定，井下爆破作业必须使用煤矿许用电雷管；在采掘工作面，必须使用煤矿许用瞬发电雷管、煤矿许用毫秒延期电雷管或者煤矿许用数码电雷管。使用煤矿许用毫秒延期电雷管时，最后一段的延期时间不得超过130 ms。使用煤矿许用数码电雷管时，一次起爆总时间差不得超过130 ms，并应当与专用起爆器配套使用。

（2）每次爆破只准使用1个煤矿许用电雷管，最大装药量不得超过450 g。

七、矿用电雷管常见异常及对安全爆破的影响

（1）电雷管脚线裸露处表面氧化导致电阻增大，有时单个电雷管的电阻可达100 Ω以上，从而使整个爆破网路电阻超过发爆器的能力，造成丢炮、拒爆。

（2）电雷管桥丝接触不良、松动、折断或电阻不稳定。这种情况往往使电雷管电阻明显增大，造成电雷管不响或整个网路拒爆。

（3）电雷管外壳有裂缝、严重砂眼，无法引爆炸药或使炸药发生爆燃。

（4）电雷管进水，起爆药受潮，易发生电雷管拒爆。

（5）不同厂家、不同批号的电雷管同时串联使用，电打火特性差异过大，造成串联丢炮（即用单发发火电流单独通电仍能起爆，但串联通电时却未被点燃），使部分雷管拒爆。

第三节　防爆型发爆器

一、《煤矿安全规程》规定

《煤矿安全规程》对防爆型发爆器做出以下规定：

（1）煤矿井下爆破都必须使用防爆型发爆器。开凿或延深通达地面的井筒时，无瓦斯的井底工作面中可使用其他电源起爆，但电压不得超过 380 V，并必须有电力起爆接线盒。发爆器或电力起爆接线盒都必须采用矿用防爆型（矿用增安型除外）。

（2）发爆器的把手、钥匙或电力起爆接线盒的钥匙，必须由爆破工随身携带，严禁转交他人。只有在爆破通电时，方可将把手或钥匙插入发爆器或电力起爆接线盒内。爆破后，必须立即将把手或钥匙拔出，摘掉母线并扭结成短路。

（3）严禁在一个采煤工作面使用 2 台发爆器同时进行爆破。

【案例一】1997 年 5 月 20 日 8 时 30 分，黑龙江省某矿在瓦斯超限情况下，爆破工违章用矿灯作起爆电源，在强行撬开矿灯电瓶盖过程中拉脱电瓶盖正电极卡，产生电火花，导致瓦斯爆炸，造成 9 人死亡的重大事故。

事故原因是在瓦斯超限的情况下，爆破工违章爆破，直接引起瓦斯爆炸。

【案例二】1979 年 6 月 30 日 16 时 35 分，某煤矿 331 四分层采煤工作面 5 名工人，2 人在上山出口附近装配引药，其余 3 人在工作面分 3 段同时爆破。两段之间仅隔 15 m 左右，当响第一炮后，引发工作面大量的煤尘飞扬，放第二炮时又产生大量的煤尘，且炮眼封泥量过少，仅为 20 mm，爆破时产生火焰，造成煤尘爆炸事故，死亡 39 人，重伤 3 人、轻伤 7 人。

1. 直接原因

爆破工违章爆破，造成煤尘爆炸。

2. 间接原因

未执行"一个采煤工作面不得使用 2 台发爆器同时爆破"的规定，分段爆破，先爆破产生煤尘飞扬，为后爆破的创造了煤尘爆炸的条件，封炮泥量过少，班组长对违章爆破监督不力。

二、发爆器的工作原理

发爆器是用于供给电爆网路起爆电能的工具，如图 6 - 5 所示。目前煤矿井下普遍使用的是晶体管电容式发爆器。

图 6-5 发爆器实物图

电容式发爆器有防爆型和非防爆型两种。煤矿井下只准使用防爆型发爆器,它具有体积小、重量轻、携带和操作方便、外壳防爆的特点。供电时间自动控制在 6 ms 以内,6 ms 后即使网路炸断,裸露线路相碰,因已断电,也不会产生火花,可用于有瓦斯或煤尘爆炸危险的工作面。国产电容式发爆器技术特性见表 6-5。

表 6-5 国产电容式发爆器技术特性表

型 号	引燃冲量/ $(A^2 \cdot ms)$	脉冲电压/ V	最大外电阻/Ω	充电时间/ s	放电时间/ s	外壳结构	外型尺寸/ $(cm \times cm \times cm)$	重量/kg
MFB - 25	46	450	75	< 12	2 ~ 6	铝合金	$16 \times 10.8 \times 9.25$	2
MFB - 30	12.5	480	100	5 ~ 7	6	玻璃钢	$13.2 \times 8 \times 4.1$	0.7
MFB - 50	25	960	170	10 ~ 15	3 ~ 6	铝合金	$13.8 \times 9 \times 7.5$	1.2
MFB - 80	27	950	260	< 15	4 ~ 6	铝合金	$18 \times 12 \times 9.1$	2
MFB - 100	19	1800	320	10 ~ 20	4 ~ 6	玻璃钢	$21.6 \times 14.4 \times 5.5$	1.8
MFB - 50/100	18	960	170	6	6	玻璃钢	$16.6 \times 10.3 \times 9.4$	1.2
MFB - 100/200	24	1800	340	20	6	玻璃钢	$14.3 \times 10.2 \times 7$	1.75
FR81 - 25	< 18	400 ~ 500	95	30	2 ~ 6	铝合金	$14.5 \times 10.3 \times 6.5$	1.5
FR81 - 50	< 18	700 ~ 800	170	30	2 ~ 6	铝合金	$16.5 \times 10.3 \times 6.5$	2
FR81 - 100	< 18	1400 ~ 1800	320	30	2 ~ 6	铝合金	$18.6 \times 11.8 \times 9$	2.5
FR81 - 150	< 18	1600 ~ 1900	470	30	2 ~ 6	玻璃钢	$18.6 \times 11.8 \times 9$	1.3

三、发爆器的检查与使用

电容式发爆器部件小,结构严密,由于井下使用条件和环境所限,往往因检查、使用、保管和维护不当而造成部件损坏,改变或失去起爆和防爆能力而影响使用。所以爆破工在使用发爆器时，必须做到经常检查，合理使用和妥善维护。

1. 检查

下井前领取发爆器时，应对发爆器作全面检查，主要检查以下方面：

（1）检查发爆器的外壳是否有裂缝，固定螺丝是否上紧，接线柱、防尘小盖等部件是否完整，毫秒开关是否灵活，发现发爆器防爆性能失效时，应立即更换。另外，还要对发爆器的工作性能作检查，应检查发爆器的输出电能，并对氖气灯泡作一次试验检查，如氖气灯泡在少于发爆器规定的充电时间内（一般在 12 s 以内）闪亮，表明发爆器正常；如输出电能不足或充电时间过长，应更换发爆器或电池。若发现氖气灯不亮应及时更换。

（2）如果使用时间过长，应检查能否在 6 ms 内输出足够的电能和自动切断电源，停止供电。

（3）电容式发爆器要定期检查，检查时用新电池作电源，测量输出电流和主电容器充电电压以及充电时间。若测量的数据低于额定值时，为不合格，应进行大修。

2. 使用

使用发爆器爆破时，必须按下列程序和要求操作：

（1）用前检查。爆破母线与发爆器连接前，应先检查氖气灯泡在规定时间内是否发亮，若在规定时间内发亮，证明发爆能力正常。如氖气灯不亮不能敲打或撞击。

（2）接线要求。爆破工在接到班组长发出爆破命令，经检查瓦斯不超限后，确认人员已全部撤离，达到爆破要求，并发出规定的爆破信号后，方可解开母线接头接到发爆器的接线柱上，以免因主电容残余电荷全部泄放，发生早爆伤人。

【案例三】黑龙江某地方煤矿一采煤工作面的爆破工爆破后不摘下母线就去工作面联线，发爆器有部分剩余电荷，爆破工连完线立即撤出了工作面，并喊"爆破了"，当班队长从上面下来了，喊"等一会"，由于爆破工未摘母线，队长刚刚走到爆破地点就发生了爆炸，造成队长左眼失明的严重事故。这就是发爆器有残余电荷引起的早爆事故。

1. 直接原因

爆破工违章作业，爆破后不摘取母线短路，直接接入工作面造成崩人。

2. 间接原因

爆破不设警戒，未执行"三人联锁爆破"制，班组长对违章作业不制止。

（3）起爆操作。将开关钥匙插入毫秒开关内，按逆时针方向转至充电位置，氖气灯亮后，立即按顺时针方向转至"放电"位置。如不立即转至"放电"位置，不但浪费电能，而且由于主电容端电压继续上升，可能引起发爆器内部元件损坏。起爆后，开关要停在"放电"位置上，拔出钥匙，由爆破工自己保管，并把母线从发爆器上取下，扭成短路挂好。每次爆破后，应及时将防尘小盖盖好，防止煤尘或潮气侵入。

四、发爆器的保管

（1）发爆器必须由爆破工妥善保管，上下井随身携带，每班升井干燥。在井下要挂在支架上或放在木箱里，不要放在潮湿或淋水地点，防止受潮。在有淋水的地点使用时，必须用胶布或雨衣盖好。

（2）发爆器钥匙由爆破工保管，不得转交他人或随意乱放。

（3）发爆器发生故障，应及时送到地面由专人修理，不得在井下拆开修理，更不得敲打、撞击，以防发爆器失爆。若氖气灯泡超过规定时间才亮或发爆器充电时间过长，必须及时在地面更换电池。长期不用的发爆器必须取出电池。

（4）严禁用两个接线柱连线短路的方法来检查发爆器，这样做很容易击穿电容及其他元件，损坏发爆器，更危险的是产生火花，引爆瓦斯和煤尘。

五、MFBB 型发爆器

MFBB 型发爆器是在保留了 MFB 系列发爆器的一切功能，并改进 FBB 型的基础上研制而成的。它由 MFB - 100 型隔爆网路安全闭锁式发爆器、本质安全型爆破测试器、本质安全型爆破用警示器、爆破母线及母线缠绕绞车、包箱、本质安全型发爆器测量仪组成。其最大的特征是采用了"控制模块"技术。

1. MFBB 型发爆器的使用条件和技术特性

MFBB 型发爆器适用于有瓦斯或煤尘爆炸危险的采掘工作面，供引爆串联电雷管用，该发爆器的技术特征见表 6 - 6。

表 6 - 6　MFBB - 100 型发爆器技术特征

项　目	内　　容
起爆能力	100 发
电压峰值	1800V
输出引燃冲量	$\geqslant 8.7\ A^2 \cdot ms$
供电时间	$\leqslant 4\ ms$
附加功能	控制模块具有无级自动换挡、恒输出冲量及网路闭锁等功能
充电时间	$\leqslant 20\ s$
电源	4.5 V，R - 20 型干电池 3 节串联
外型尺寸	220 mm × 153 mm × 54 mm
质量	$\leqslant 2\ kg$

2. MFBB 型发爆器的使用方法

（1）入井前在井上把电池装入发爆器内，并拧紧固定螺丝使其密封防爆。

（2）取下防尘帽，用专用钥匙插入开关内，将开关转到充电位置。

（3）如果灯不亮，则是网路连接不好或断路，此时发爆器不能进行充电；如果红灯亮，表明网路电阻在规定的负载电阻范围内，发爆器开始充电；充电到灯交替闪光时，表明充电完毕，可迅速将开关扭到"放电"位置引爆电雷管。

（4）在地面检查发爆器时，将接线端子两端连接在发爆器参数仪的输入端子上，在额定负荷电阻范围内，发爆器应正常充电，灯亮。充电到灯交替闪光时，将开关转到"爆破"位置，这时，参数仪显示的引燃冲量应不低于 8.7 $A^2 \cdot ms$，供电时间不大于 4 ms。如果将发爆器端子短路、断路或使负载电阻值大于额定负荷电阻（620 Ω），则发爆器应当闭锁，不能工作。

3. MFBB 型发爆器使用的注意事项

（1）爆破前要检查爆破母线，若有中间接头一定要接好，并用胶布包扎牢固，用万用表测母线电阻不得大于 15 Ω，要防止因接头锈蚀增大母线电阻，使网路电阻超限而闭锁。

（2）发爆器发生故障时，不论其程度如何，严禁在煤矿井下检修，应交专门维修部门由专业人员检修。

（3）红灯未至交替闪烁时，不准爆破。

六、FD100(200)XS－A(B)连锁数显遥控发爆器

1. FD100(200)XS－A(B)连锁数显遥控发爆器特点

FD100(200)XS－A(B)连锁数显遥控发爆器是具有电爆网路全电阻检查功能、峰值电压限制功能（确保大能量时发爆器高压充、放电的安全可靠性）和遥控闭锁功能的最新产品。网路全电阻检查，采用高亮度数码管红色显示，井下显示更清晰；测量精确、性能稳定、抗振动能力强不易损坏、操作简单、功耗小，适用于检测单只电雷管的电阻值和爆破网路全电阻值。能有效控制井下爆破工严格按照《煤矿安全规程》的要求进行网路全电阻检查和爆破操作，能检查网路全电阻参数、判断网路连接和电路是否正常、是否丢炮（网路全电阻值变小时说明有丢炮或搭接等现象，网路全电阻值变大时说明有虚接或开路等现象），从而排除爆破故障，杜绝哑炮和其他安全事故。双闭锁功能能防止误操作爆破，从而进一步杜绝人为违规作业现象，是矿井工程中起爆电雷管的最新测试工具。该仪器的电源有 A 型和 B 型两种充电干电池。电池使用无记忆效应的锂离子电池，具有机内电池电压欠压提升功能，以保证电池的合理利用，避免电池的过放现象。充电电源取代了以往的干电池作为电源，一次充电能放 200 炮以上，省去了经常更换电池的麻烦，节省了人力和物力，是经济、实用、智能化充电的新型发爆器。

2. FD100(200)XS－A(B)连锁数显遥控发爆器技术性能

1）相对环境条件

（1）温度：0～40 ℃。

（2）相对湿度：不大于 95%（+25 ℃）。

（3）大气压力：80～160 kPa。

（4）储存环境温度：－40～60 ℃。

（5）适用性：具有甲烷等爆炸性混合物的煤矿井下。

2）技术参数

（1）引爆能力：100（200）发。

（2）脉冲电压峰值：不小于 1800（2800）V。

（3）允许最大负载电阻：康铜丝及铬镍丝工业瞬发电雷管（100 发：620 Ω；200 发：1220 Ω）。

3）电源

（1）A 型：R20S 高容量 1 号电池 4 节，开路电压 6.5 V，短路电流 4.8 A。

（2）B 型：锂电池 3.7 V×2 节，额定电压 7.4 V，短路电流不大于 5 A。

（3）检测电流 I_0：不大于 1 mA。

（4）检测电压 U_0：2 V。

（5）遥控距离：不大于 5 m。

（6）引燃冲量：不小于 8.7 A^2 · ms。

（7）供电时间：不大于 4 ms。

（8）充电时间：不大于 20 s。

（9）外形尺寸：221 mm × 158 mm × 47 mm。

（10）质量：不大于 1.5 kg（含电池）。

（11）外接电缆：分布电感小于 1 Mh/km，分布电容小于 0.1 μF/km。

（12）设计有充电、闭锁指示灯：当充电指示灯发红色光时表明闭锁电路导通，能正常工作。充电型发爆器设计有欠压报警指示。

3. FD100（200）XS – A（B）连锁数显遥控发爆器充电爆破的操作方法

（1）在爆破前先进行网路检查，将条形钥匙插入钥匙孔内，将爆破网路的两根母线分别压在测试端子上，如果网路连接正确，显示窗数码管会显示整个爆破网路的阻值，网路检查合格后才可以爆破。

（2）爆破网路检查合格后，将爆破网路的两根母线从测试端子上拆下，再把两个母线接头接到爆破接线柱上压紧。在《煤矿安全规程》规定的安全起爆条件下，首先在遥控距离内用发爆器遥控器（该遥控器与发爆器配套具有唯一性，请妥善保管）向着发爆器连按两下"开"键。此时，充电指示灯为红色指示，则说明闭锁开关已经转到"充电"位置，此时显示窗数码管显示熄灭，充电指示灯为绿色或橙色指示，经 10～20 s 后爆破指示灯亮，表明主电容已达到额定电压（发爆器根据主电容的容量不同不必计算电压值，只要引燃冲量大于 8.7 A^2 · ms 即可）。这时快速把爆破钥匙开关转到"爆破"位置进行起爆。爆破工作完成后，将条形闭锁钥匙从钥匙孔内拔出，发爆器处于闭锁状态，然后再取出爆破钥匙戴上防尘帽，并将发爆器妥善保管好。

4. 使用遥控发爆器的注意事项

（1）严禁在煤矿井下拆装电池、打开维修或者做短路打火试验。严禁使用说明书规定以外的电池代替。

（2）爆破母线应采用标准的专用爆破母线或铜芯线，单条母线长 100 m 的阻值必须小于 20 Ω。

（3）母线如有接头必须错开连接，并要用防水胶布包实，各雷管接头严禁接地，以免耗电出现拒爆。

（4）雷管之间的连接脚线如需加长，必须用双条线连接，否则雷管偏流会造成个别拒爆。爆破网路必须采用串联接法。

（5）爆破母线必须与接线柱接牢固（充电前爆破场地人员必须撤离现场，才允许充电爆破），确保不打火花，安全爆破。

（6）干电池单只短路电流不应低于 2.5 A。

（7）发爆器存放不用时，应在清洁、干燥、无硫化物及无毒物处存放并有专人保管。长期不用时，A 型发爆器应取出电池存放；B 型发爆器定期一个月充电一次。

（8）爆破时严禁用手触摸发爆器接线端子（接线端子指网路测试两个端子和爆破接线两个端子）。

（9）在发爆器初次使用或长时间存放再用时，在没下井使用前应不接雷管先重复放电几次以检查和恢复主电容性能。发爆器在维修时严禁碰伤各防爆面。

（10）维修后的网路数显发爆器必须用发爆器参数测量仪和万用表进行各项性能参数测试后方可投入使用，严禁使用维修后未经检测的数显发爆器。

（11）闭锁开关钥匙严禁和遥控器放在一起，因为闭锁钥匙具有强磁性，以免磁化遥控器内电子元件，造成遥控失灵。

七、发爆器常见异常及对安全爆破的影响

（1）发爆器有裂缝或螺丝未紧固。由于碰摔发爆器使其出现裂缝，或防爆壳的螺丝没有紧固，就会使发爆器失爆，当发爆器通电时，就有可能产生电火花并从裂缝中喷出，使壳外的瓦斯发生燃烧或爆炸。

（2）发爆器输出电能过小或充电时间过长，容易使网路上的雷管通过电量不足造成网路部分或全部拒爆。

（3）发爆器接线柱锈蚀、滑丝。出现这种情况时，爆破母线与发爆器往往接触不良，导致网路电阻过大，产生拒爆；或发生打火现象，引爆瓦斯。

（4）发爆器开关失灵。开关失灵时，发爆器开关处于"放电"位置而其内部却进行充电；容易损坏发爆器；而当处于充电状态，却使网路通过电流，导致早爆，发生崩人事故。

（5）发爆器内部由于受潮或其他原因，造成窜电、漏电，特别是有导通器的发爆器，往往在导通时就发生爆炸，容易引起早爆或电伤爆破工。

（6）氖气灯不亮，使爆破工无法确定发爆器充电是否正常，能否达到起爆要求。

（7）主电解电容被击穿，无法使电压、电流升到正常值，导致输出电能不足，造成网路内的雷管部分或全部拒爆。

第四节　爆破网路检测仪器

一、爆破网路检测的要求

（1）每次爆破作业前，爆破工必须做电爆网路全电阻检查。严禁用发爆器打火放电检测电爆网路是否导通。

（2）爆破母线连接脚线、检查线路和通电工作，只准爆破工一人操作。

通过对电爆网路的全电阻检查，可以及时发现网路中的错联、漏联、短路、接地等现象，确定起爆网路需要的电流、电压，从而可以判断网路电雷管能否全部起爆，避免爆破时产生丢炮、拒爆。也可防止用发爆器通电后可能产生电爆网路炸开瞬间产生的火花，或网路连接线与爆破母线接头短路或接触不牢通电瞬间产生的电火花而引发瓦斯、煤尘爆炸。

二、导通表

1. 导通表的作用

导通表又名测炮器，它是专门用来测量电雷管、爆破母线或爆破网路是否导通的仪表，量程为 10 MΩ，由 1 个 1.5 V 电池和 1 个 150 Ω 的电阻串联组成，可代替爆破电桥和

欧姆表作导通检测，目前多与发爆器组合一体应用，爆破前，对爆破网路进行一次导通测试，导通正常则正常起爆。常用的光电导通表其原理与导通表相同，如图 6 – 6 所示。

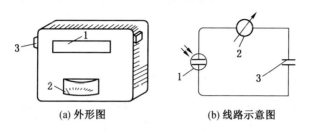

(a) 外形图　　　　　　　　(b) 线路示意图

1—硒光电池或硅光电池；2—检测计；3—金属片

图 6 – 6　光电导通表

2. 导通表的用法

光电导通表内部电源为硒光电池或硅光电池，在矿灯或其他光线照射下，最高可产生 0.5 V 电压，无光线照射，则不产生电压。使用时，先用矿灯照射光电池，同时使被测物件的两端分别与导通表的两个金属片相碰，回路接通，检流表指针转动，表明被测物件导通。光电导通表结构简单、体积小、质量轻、操作方便，导通电流只有几十微安，可确保电雷管导通测量的绝对安全。但使用后必须避光存放，以免浪费电池。目前，MFB – 200 型电容式发爆器配有导通器，做电爆网路导通检查时，把爆破母线的两根导线分别搭在导通器的两个触点上，灯亮则表示爆破网路导通；灯不亮则表示网路断路。需要指出的是，发爆器配有的导通器，在正常情况下尽管电流、电压很小，但不能用来直接测定电雷管，更不能用来检测瞎炮，以防发爆器的电流窜入导通器内，造成雷管意外爆炸。MFB – 200 型发爆器与 FD100(200)XS – A(B) 联锁数显遥控发爆器其安全级别是不同的，所以要特别注意。

三、线路电桥

爆破线路电桥是用来检查和测量电雷管及爆破网路通断和电阻的仪表。这种电桥测量电阻的范围是 0.2 ~ 50 Ω，质量为 1.5 kg，工作电流远小于电雷管的安全电流。目前使用的多是 205 – 1 型，它为防爆专用仪表，可在煤矿井下使用，其外形如图 6 – 7 所示。

检查时先把电雷管脚线或爆破网路的母线接在电桥的两个接线柱上，使转换开关指向"雷管"或"网路"，再压下按钮，同时旋转分划盘，若检流表的指针不动，则说明电雷管或网路不通，若检流表的指针摆动，则说明电雷管或网路导通，当检流指针居中时，即可松开按钮，此时指针分划盘上的读数即为被测

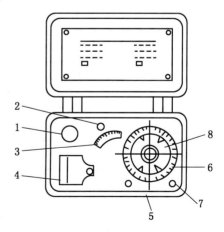

1—转换开关；2—调整钮；3—检流表；4—电池室；
5—外壳；6—分划盘；7—接线柱；8—按钮

图 6 – 7　205 – 1 型爆破线路电桥外形图

的电雷管或爆破网路的电阻值。

第五节　爆破材料的运送与管理

一、爆破材料的领退与运送制度

领退、运送爆破材料是爆破工作的一个重要环节，《煤矿安全规程》规定：煤矿企业必须建立爆炸物品领退制度和爆炸物品丢失处理办法。电雷管（包括清退入库的电雷管）在发给爆破工前，必须用电雷管检测仪逐个测试电阻值，并将雷管脚线扭结成短路。严禁发放电阻不合格的电雷管。煤矿企业必须按《民用爆炸物品管理条例》的规定，建立爆炸材料销毁制度。与此同时，还对井下爆破材料的运送作了明确的规定。因此，爆破工必须遵守《煤矿安全规程》和《爆破作业规程》有关的要求和规定。保证领退、运送爆炸材料全过程的安全。

1. 爆破材料领取的规定

爆破工在领取爆炸材料时，必须遵守下列规定：

（1）不论在井上还是在井下，凡是接触爆破材料的人员，必须穿棉布或抗静电衣服。

（2）领取的爆破材料必须符合国家规定的质量标准和使用条件；井下爆破作业，必须使用煤矿许用炸药和煤矿许用电雷管。不得领用过期或严重变质的爆破材料。不能使用的爆破材料必须返回爆破材料库。

（3）根据生产计划、爆炸工作量和消耗定额，确定当班领用爆破材料的品种、规格和数量计划，填写爆破工作指示单，经班组长审批后签章。

（4）爆破工携带爆破资格证和班组长签章的爆破工作指示单到爆破材料库领取爆破材料。

（5）领取爆炸材料时，必须当面检查品种、规格和数量，并从外观上检查其质量。发现雷管桥丝松动、管壳有裂缝或炸药变质等问题，及时调换。电雷管必须实行专人专号，不得借用、遗失或挪作他用。

（6）爆破工必须在爆破材料库的发放硐室领取爆破材料，不得携带矿灯进入库内，防止矿灯引爆爆破材料。

2. 爆破材料清退的规定

（1）每次爆破作业完成后，爆破工应将爆破的炮眼数，使用爆破材料的品种、数量、爆破情况、爆破事故及处理情况等，认真填写在爆破作业纪录中。

（2）爆破工在爆破工作结束后，必须把剩余及不能使用的爆炸材料（包括拒爆、残爆后及其他爆破故障散落的爆炸材料）捡起，对一块炸药、一发雷管的来龙去脉弄清楚，保证"实领、实用、缴回"三个环节中爆炸材料的品种、规格和数量相一致。清点无误后，将本班爆破的炮眼数、爆炸材料使用数量及缴回数量等填写在爆破工作指示单上，经班组长签章，当班缴回爆破材料库，并由发放人签章。爆破工作指示单由爆破工、班组长及发放人各保存一份备查。

（3）爆破工所领取的爆炸材料，不得遗失及转交他人，更不得私自销毁、扔弃和挪作他用，发现遗失应及时报告班组长，严禁私藏爆破器材。

二、爆破材料散失的危害

爆破材料是易燃易爆物品，如果散失，当未经培训的人员随意使用时，极易造成意外事故。有时，散失的爆破材料混在煤炭中，当放入锅炉燃烧时，会造成锅炉爆炸甚至人员伤亡。另外，爆破材料的爆炸威力很大，具有很大的破坏性，如果落入一些别有用心的人手中，进行极端活动，将使国家财产遭受严重的损失，人民生命造成重大伤亡。血的教训使人们认识到依法管理好爆破材料，是关系到公民生命安全和保障社会稳定的大事。因此，爆破工在工作中必须严格按章操作，严防丢失爆破材料，一旦丢失，应立即报告班组长，并认真查找。

三、井筒内采用不同方式运送爆破材料的规定

1. 井筒内运送爆破材料的规定

（1）电雷管和炸药必须分开运送，但在开凿或延深井筒时的装配起爆药卷工作，可在地面专用的房间内进行。专用房间距井筒、厂房、建筑物和主要通路的安全距离必须符合有关规定，且距离井筒不得小于 50 m。严禁将起爆药卷与炸药装在同一爆破材料容器内运往井下工作面。

（2）必须事先通知绞车司机和井上、井下把钩工。

（3）运送硝化甘油类炸药或电雷管时，罐笼内只准放一层爆破材料箱，不得滑动。运送其他类炸药时，爆破材料箱堆放的高度不得超过罐笼高度的 2/3。如果将装有炸药或电雷管的车辆直接推入井筒内运送时。车辆必须符合《煤矿安全规程》的相关规定：硝化甘油类炸药和电雷管必须装在专用的、带盖的有木质隔板的车厢内，车厢内部应铺有胶皮或麻袋等软质垫层，并只准放 1 层爆破材料箱。其他类炸药箱可以装在矿车内，但堆放高度不得超过矿车上缘。

（4）在装有爆破材料的罐笼或吊桶内，除爆破工或护送人员外，不得有其他人员搭乘。

（5）罐笼升降速度，运送硝化甘油类炸药或电雷管时，不得超过 2 m/s；运送其他类爆破材料时，不得超过 4 m/s。吊桶升降速度，不论运送何种爆炸材料，都不得超过 1 m/s。司机在启动和停止绞车时应保证罐笼或吊桶不震动。

（6）交接班、人员上下井的时间内，严禁运送爆破材料。

（7）禁止将爆炸材料存放在井口房、井底车场或其他巷道内。

2. 井筒内不同种类的爆破材料运送的规定

（1）电雷管、导爆索、导爆管和硝化甘油类炸药任何两种都不准同罐运送。

（2）乳化炸药、硝铵类炸药、硝化甘油类炸药、水胶炸药其中任何一种都不得与雷管、导爆索同罐运送。

（3）雷管和导爆索可以同罐运送。

（4）导爆索和硝铵类炸药可以同罐运送。

3. 井下用电机车运送爆炸材料时的规定

（1）炸药和电雷管不得在同一列车内运输，如用同一列车运输，装有炸药与装有电雷管的车辆之间以及装有炸药或电雷管的车辆与机车之间，必须用空车分别隔开，隔开长

度不得小于 3 m。

（2）硝化甘油类炸药和电雷管必须装在专用的、带盖的、有木质隔板的车厢内，车厢内部应铺有胶皮或麻袋等软质垫层，并只准放一层爆破材料箱。其他类炸药箱可以装在矿车内，但堆放高度不得超过矿车上缘。

（3）爆炸材料必须由井下爆炸材料库负责人或经过专门训练的专人护送。跟车人员、护送人员和装卸人员应坐在尾车内，严禁其他人员乘车。

（4）列车的行驶速度不得超过 2 m/s。

（5）装有爆破材料的列车不得同时运送其他物品或工具。

（6）电机车、列车前后均应设"危险"警告标志。

（7）用架线电机车运输，在装卸爆破材料时，机车必须停电。

（8）将运送爆破材料的专用车厢或矿车甩入库房通道（回风侧出口）时，不得使用机车顶车，通道内的轨道应设绝缘段，防止杂散电流导入库内。

4. 用钢丝绳牵引车辆运送爆破材料时的规定

水平巷道和倾斜巷道内有可靠的信号装置时，可用钢丝绳牵引的车辆运送爆破材料，但炸药和电雷管必须分开运输，运输速度不得超过 1 m/s。运输电雷管的车辆必须加盖、加垫，车厢内以软质垫物塞紧，防止震动和撞击。严禁用刮板输送机、带式输送机等运输爆破材料。

5. 井下人力运送爆破材料时的规定

从爆破材料库直接向工作地点用人力运送爆炸材料时，应遵守下列规定：

（1）电雷管必须由爆破工亲自运送，炸药由爆破工或在爆破工监护下由其他人员运送。

（2）爆破材料必须装在耐压和抗撞冲、防震、防静电的非金属容器内。电雷管和炸药严禁装在同一容器内。严禁将爆破材料装在衣袋内。领到爆炸材料后，要直接送到工作地点，严禁中途逗留。

（3）携带爆破材料上、下井时，在每层罐笼内搭乘的携带爆炸材料的人员不得超过 4人，其他人员不得同罐上下。

（4）在交接班、人员上下井的时间内，严禁携带爆炸材料人员沿井筒上下。

（5）每人每次运送的爆炸材料数量不得超过下列规定：同时搬运炸药和起爆材料不大于 10 kg；拆箱（袋）搬运炸药不大于 20 kg；背运原包装炸药一箱不大于 24 kg；挑运原包装炸药两箱不大于 48 kg。

（6）运送人员在井下要随身携带完好的带绝缘套的矿灯。

（7）人力背、运爆破材料时，禁止搭乘带式输送机、机车、刮板输送机，禁止与他人并肩同行，前后相距必须在 10 m 以外。

【案例四】1982 年 11 月 9 日，黑龙江省某煤矿在 7 采区 254 采煤工作面，领药工（未经培训）从井下爆炸材料库领取 81 kg 炸药和 280 发瞬发电雷管，并胡乱装在同一条麻袋中，在井下背走了 2800 m，到工作面后，不顾炸药放置地点是否安全，随手扔下麻袋，使穿出麻袋的雷管脚线与电钻明接头接触，瞬间发生雷管和炸药爆炸，造成死亡 3 人（两个背炸药工人和一个路过的本班老工人）、重伤 1 人，导致工作面冒顶、支架崩倒、金属支柱崩断的严重事故。

1. 直接原因

严重违反《煤矿安全规程》有关炸药和电雷管必须分开运输，电雷管必须由爆破工亲自运送，炸药由爆破工或在爆破工监护下由熟悉《煤矿安全规程》有关规定的人员运送的规定。

2. 间接原因

人力运送爆炸材料严重超量，且背运距离较远，造成背运人员十分疲劳而又不顾及安全乱堆乱放。运送爆炸材料不使用专用容器，而是混装入麻袋和尼龙带内，不具备耐压、防震、抗静电等基本安全规定要求。指派不懂爆炸材料性能和安全知识、又未经过安全技术培训的人员运送爆炸材料，无证上岗。

【案例五】1979 年 11 月，某煤矿二号井一掘进工区爆破工，从井下炸药库领取了 6 kg 炸药和 25 发电雷管混放在大背包内，背送到爆破现场，进入工作面坐下休息取背包时，由于外露的雷管脚线与失爆（漏电）的矿灯相接触，引爆雷管与炸药，爆破工被炸死，重伤 2 人，轻伤 1 人。

1. 直接原因

炸药与雷管必须分开放置，不得装在同一容器中。

2. 间接原因

爆破工矿灯漏电，工作不慎。

复习思考题

1. 矿用炸药都有哪些种类？
2. 对煤矿许用炸药安全等级及使用范围有哪些规定？
3. 电雷管都分哪些种类？
4. 什么是电雷管的电阻？
5. 什么是电雷管的最小发火电流？
6. 矿用电雷管常见异常及对安全爆破的影响有哪些？
7. 发爆器怎样检查与使用？
8. 使用遥控发爆器应该注意哪些事项？

第七章　安全爆破技术

知识要点

☆ 炮采工作面炮眼布置

☆ 采煤工作面安全爆破施工工艺

☆ 毫秒爆破的优点

☆ 装药规定

☆ 装药时常见事故及其预防

☆ 光面爆破标准

第一节　井巷掘进爆破技术

一、井巷施工方法

井巷掘进施工目前有两种方法，一是综合机械化施工法，二是钻眼爆破法。尽管综合机械化施工法作业连续，机械化程度高，安全高效，但目前使用范围还受到一定的限制。因此，钻眼爆破法仍是目前井巷掘进施工最主要的施工方法。

（一）炮眼的种类和作用

掘进爆破炮眼的种类按其用途和位置不同，可分为掏槽眼、辅助眼和周边眼 3 种，如图 7-1 所示。

（1）掏槽眼。掏槽眼一般布置在掘进工作面的中下部、最先起爆，它的作用主要是给辅助眼增加自由面，为辅助眼的爆破创造有利条件。

（2）辅助眼。辅助眼位于掏槽眼与周边眼之间，在掏槽眼之后起爆，它的作用是使自由面扩大，保证周边眼的爆破效果。

（3）周边眼。周边眼位于巷道的四周，包括顶眼、帮眼和底眼，最后起爆。它的作用是爆破后形成巷道轮廓，保证巷道断面形状、尺寸、方向和坡度等符合设计要求。

（二）巷道工作面炮眼布置

1. 巷道工作面炮眼布置要求

（1）有较高的炮眼利用率。

（2）炮眼的布置必须有利于爆堆集中，飞石距离小，不损坏支架和崩坏设备。

（3）掏槽眼应比其他炮眼加深 200 mm，保证掏槽的效果。

（4）炮眼布置应能保证爆破后断面和轮廓、尺寸符合设计要求，不发生超挖或欠挖，

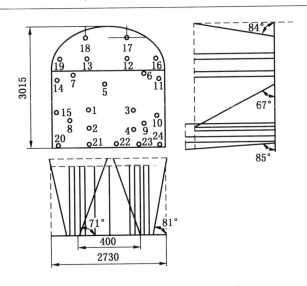

1、2、3、4、5—掏槽眼；6、7、8、9、12、13—辅助眼；
10、11、14、15—帮眼；16、17、18、19—顶眼；
20、21、22、23、24—底眼

图 7 - 1　巷道掘进工作面的炮眼种类

巷帮平整，尽量减少其他无效工作量。

（5）先爆破的炮眼不会影响后爆炸炮眼的起爆，不会发生起爆后的炸药钝化的情况。

（6）爆破块度均匀，大小符合装岩要求，大块率少。

（7）便于打眼操作，在保证爆破安全与效果的前提下减少布眼数量。

2. 巷道工作面炮眼布置原则

（1）掏槽眼应根据工作面岩石条件和巷道断面大小进行布置，选择适当的掏槽方法和掏槽位置。通常将掏槽眼布置在巷道的中下部，并尽量选择有弱面的地点。

（2）辅助眼是破碎岩石的主要炮眼，应尽量利用掏槽腔来进行布置，以减少岩石压制程度，若巷道断面较大，还应增加辅助眼的圈数。

（3）周边眼尽可能布置在设计轮廓线上，但为了打眼时易于操作，可向外或向上偏斜一定角度。偏斜角度的大小应根据炮眼深度来确定（一般 3°~5°）。眼底落在设计轮廓线外部 100 mm 处，最小抵抗线应从眼底算起。

3. 立井工作面炮眼布置的要求和原则

立井工作面炮眼布置的要求和原则基本与巷道炮眼布置相同。但需考虑到立井的井形和钻眼方向，一般井筒为圆形，其掏槽眼的布置形式为圆锥掏槽和筒形直眼掏槽。在岩层角度较大的地点也可采用楔形掏槽。目前应用最多的掏槽形式是筒形掏槽。当炮眼深度较大时，可采用二级或三级筒形掏槽，如图 7 - 2 所示。每级逐渐加深，后级深度通常为前级深度的 1.5~1.6 倍。辅助眼和周边眼均在以井筒中心为圆心的同心圆上，并逐步向外扩展。井筒断面大的可相应增加辅助眼的圈数。周边眼应布置在井筒轮廓线上。由于井筒的空间较小，炮眼布置必须保证爆破后岩石有效松动，且块度适中，以便出矸。

利用冻结法掘进的立井井筒中，爆破开挖冻结层时，要限制一次爆破的炮眼深度、单位装药量和一次爆破的药量，一般炮眼深度不应超过 1.5 m，一次最大装药量不超过

10 kg，尤其要注意周边眼的装药量不能过大，爆破时必须保证不破坏冻结壁和冻结管。

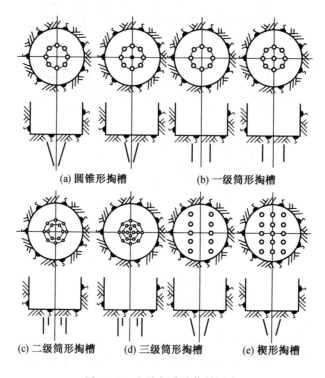

(a) 圆锥形掏槽   (b) 一级筒形掏槽

(c) 二级筒形掏槽   (d) 三级筒形掏槽   (e) 楔形掏槽

图 7 - 2   立井掘进的掏槽形式

为减少爆破对井筒周壁及冻结管的破坏作用，在坚硬岩石中爆破时，周边眼距井壁距离不应小于 300 mm；在中等坚固或坚固性差的岩石中，不应小于 400 mm，周边留下的岩石用风镐开挖。

（三）井巷掘进掏槽眼的布置

井巷掘进掏槽眼的布置分为斜眼掏槽、直眼掏槽和混合式掏槽 3 种。

1. 斜眼掏槽

斜眼掏槽是目前井巷掘进中常见的掏槽方法，它适用于各种岩石条件中。斜眼掏槽的各掏槽眼不与巷道中线平行，而与工作面在水平方向呈一定角度。斜眼掏槽的优点是：掏槽体积较大，能将掏槽眼内的岩石全部抛出，形成有效的自由面，掏槽效果容易保证，掏槽眼位容易掌握；缺点是：斜眼掏槽深度受到巷道宽度的限制，不适于深孔爆破，多台钻机作业时，相互干扰，若角度和装药量掌握不好，往往影响爆破效果，容易崩倒支架或崩坏设备，抛掷距离较大，岩堆分散，不利于集中装岩。常用的斜眼掏槽方式有单斜掏槽、扇形掏槽、锥形掏槽和楔形掏槽。

（1）单斜掏槽。单斜掏槽适用于中硬及较软的岩层中掏槽。当岩层中有松软的夹层和层理、节理与裂隙结构时，各掏槽眼宜尽量垂直地穿过层理、节理和裂隙，并处于巷道中心线上，避免夹钎或崩倒支架。掏槽眼数一般为 1 ~ 3 个，眼距为 0.3 ~ 0.6 m，与工作面的平面夹角为 50° ~ 75°，眼深为 0.8 ~ 1.5 m，装药满度系数为（装药长度与炮眼长度比值）0.5 左右，炮眼布置如图 7 - 3 所示。

（2）扇形掏槽。扇形掏槽适用于软岩层中有弱面可利用的巷道。它把炮眼布置在较软的煤层中并成一排，炮眼向同一方向倾斜，与工作面的平面夹角一个比一个大（45°～90°），形成扇形。掏槽眼的方向可随软层的位置选定，一般为3～5个，眼距为0.3～0.6 m，眼深通常为1.3～2.0 m，装药满度系数为0.5左右，各槽眼利用多段延期雷管引起依次起爆，炮眼布置如图7-4所示。

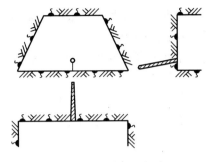

图7-3　单斜掏槽炮眼布置

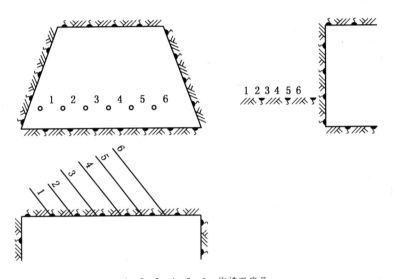

1、2、3、4、5、6—掏槽眼序号

图7-4　扇形掏槽炮眼布置

（3）锥形掏槽。在只有一个自由面的坚硬岩石或均质岩石中爆破时，采用锥形掏槽。锥形掏槽就是将几个掏槽炮眼的眼底，集中在一点附近，实行集中装药，一起起爆的方法，锥形掏槽炮眼布置如图7-5所示。

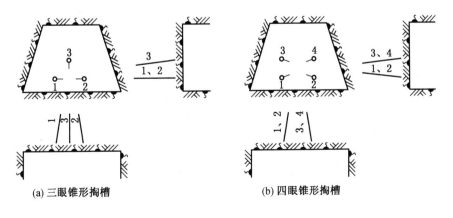

(a) 三眼锥形掏槽　　　　　　　　(b) 四眼锥形掏槽

1、2、3、4—掏槽眼序号

图7-5　锥形掏槽炮眼布置

　　眼数、眼深和眼距根据断面大小及岩石软硬而定。眼数一般为 3~6 个，多为 4 个。眼口左右间距为 0.8~1.2 m，上、下间距为 0.6~1.0 m，眼底间距为 0.1~0.2 m，眼深应小于巷道高度或宽的 1/2，各槽眼同时起爆，为了加深掏槽深度和循环进度，可采用分段锥形掏槽。

　　（4）楔形掏槽。楔形掏槽和锥形掏槽一样，都是尽量在炮眼底集中装药，使炸药爆炸时形成更大的威力把岩石爆破成抛掷漏斗，集中装药在眼底呈一条直线。槽眼为对称布置，分水平楔形掏槽和垂直楔形掏槽两种，均为同时起爆。水平楔形掏槽只在水平层理发育的岩层中使用，而多数情况都使用垂直楔形掏槽，炮眼布置如图 7-6 所示。垂直楔形掏槽两对水平方向槽眼眼口间距为 0.4~1.0 m，眼底间距为 0.2~0.3 m，但对非常难爆的岩石，应使眼底的距离不超过 0.2 m。装药满度系数一般为 0.7。槽眼排距（每对槽眼垂直距离）、眼数及槽眼角度根据岩石软硬决定，排距一般为 0.3~0.5 m，眼数一般为 4~6 个，槽眼角度一般为 60°~70°。垂直楔形掏槽因受巷道宽度限制，炮眼深度较浅。楔形掏槽由于钻眼技术比锥形掏槽简单，易于掌握，故适用于任何岩石，因此在井巷掘进中使用广泛。

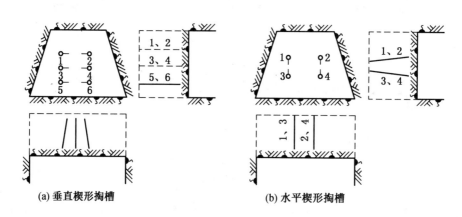

　　　(a) 垂直楔形掏槽　　　　　　　　　　(b) 水平楔形掏槽

1、2、3、4、5、6—掏槽眼序号

图 7-6　楔形掏槽炮眼布置

2. 直眼掏槽

　　直眼掏槽是指所有掏槽都垂直于巷道工作面，各槽眼之间保持平行，且槽眼距离较小，留有不装药的空眼。直眼掏槽的优点是：槽眼垂直于工作面，布置方式简单，槽眼的深度不受巷道断面限制，便于进行深眼爆破；由于槽眼间相互平行，易于实现多台凿岩机平行作业和采用凿岩机平行作业及采用凿岩台车钻眼；岩石块度均匀，抛掷距离较近，爆破集中，便于清道装岩，且不易崩坏支架和设备。其缺点是：对槽眼的间距，钻眼质量和装药等要求严格，所需槽眼数目和炸药消耗量偏多，掏槽体积小，掏槽效果不如斜眼掏槽。

　　直眼掏槽适用于坚硬或中等坚硬的岩石、断面较小的巷道中掏槽，特别是在立井井筒。但有空眼的直眼掏槽不能在有瓦斯或煤尘爆炸危险的地点使用。目前广泛使用的直眼掏槽方式有直线掏槽、菱形掏槽、角柱掏槽、五星掏槽和螺旋掏槽等方法。

（1）直线掏槽。此法各炮眼彼此相距0.1～0.2 m，适用于整体性好的韧性岩石和较小的巷道断面，炮眼布置如图7-7所示。

（2）菱形掏槽。此法适用于各种岩石条件，炮眼深度2 m以下效果较好。在坚硬岩石中，为取得较好的爆破效果，可加打空眼，一般用毫秒电雷管分两段起爆，距离小的一对先起爆，距离大的一对后起爆。装药满度系数0.7～0.8，炮眼布置如图7-8所示。

（3）角柱掏槽。此法适用于中硬岩石，掏槽眼一般用两段电雷管起爆，炮眼排列如图7-9所示。

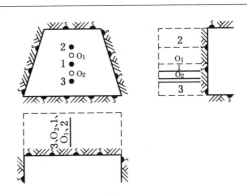

O_1、O_2—空眼；1、2、3—装药眼

图7-7 直线掏槽法炮眼布置

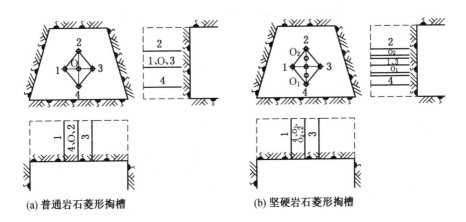

(a) 普通岩石菱形掏槽   (b) 坚硬岩石菱形掏槽

O、O_1、O_2—空眼；1、2、3、4—装药眼

图7-8 菱形掏槽法炮眼布置

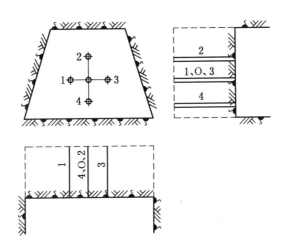

O—空眼；1、2、3、4—装药眼

图7-9 角柱掏槽法炮眼布置

（4）五星掏槽。此法掏槽比较可靠，适用于各种条件。眼深在 2.5～3.0 m 时，可采用威力较高的炸药，如图 7 - 10 所示。

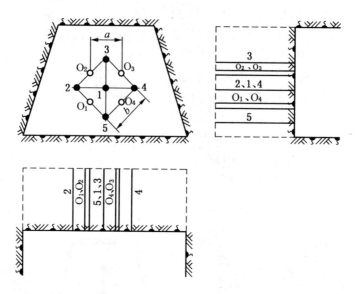

a—空眼间距；b—掏槽装药眼间距；O_1、O_2、O_3、O_4—空眼；1、2、3、4、5—装药眼

图 7 - 10　五星掏槽法炮眼布置

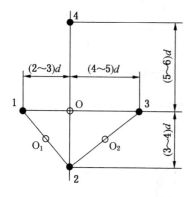

O、O_1、O_2—空眼；1、2、3、4—
装药眼；d—炮眼直径

图 7 - 11　螺旋掏槽法炮眼布置

（5）螺旋掏槽。此法适用于中硬以上岩石，是较好的直眼掏槽方式之一。以中空眼为中心，周边布置 4 个掏槽眼，逐个加大距离，形如螺旋，因而得名。在 1、2、3 号眼连线中间各加一个空眼，作为膨胀空间和附加自由面，可有效防止炸药被压死，如图 7 - 11 所示。

3. 混合式掏槽

在断面较大、岩石较硬的掘进巷道中，为了弥补直眼掏槽的不足，采用直眼与斜眼混合掏槽，如图 7 - 12 所示。斜眼作垂直楔状布置，其槽眼与工作面夹角以 75°～85° 为宜。斜眼眼底与直眼眼底相距约 0.2 m，斜眼装药满度系数为 0.4～0.5。

（四）井巷掘进的主要爆破参数

井巷掘进中，除正确选择掏槽方式和合理布置炮眼外，还应合理确定炸药消耗量、炮眼直径、药包直径、炮眼深度、炮眼数目、眼距等爆破参数。由于影响爆破效果的因素很多，应根据实际试验或相似条件类比来确定具体的爆破参数。

1. 单位炸药消耗量

单位炸药消耗量是指爆破 1 m³ 岩石所需的炸药量，单位为 kg/m³。单位炸药消耗量受炸药的种类、品种、岩石的性质及爆破参数等因素的影响。一般情况下，掘进工作面以掏

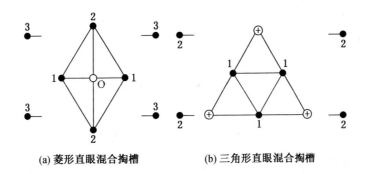

(a) 菱形直眼混合掏槽　　　　(b) 三角形直眼混合掏槽

1、2、3—起爆顺序

图 7 - 12　混合式掏槽

槽眼装药量最大，辅助眼次之，周边眼的装药量最小。

2. 炮眼直径

炮眼直径对凿岩速度、眼数、单位炸药消耗量和巷道成形等都有影响。炮眼直径比照标准药包直径（32 mm 或 35 mm）大 5 ~ 7 mm 来确定，一般为 37 ~ 42 mm。

3. 炮眼深度

确定炮眼深度，要结合钻眼效率、循环工作量和循环时间，劳动力组织、经济成本、顶板情况等因素来考虑。如果条件允许，为了提高工效，应力求增加眼深和循环次数。在目前施工技术和设备等条件下，炮眼深度一般不超过 4 m，以 0.8 ~ 2.0 m 居多。为了提高炮眼利用率，掏槽眼必须比其他炮眼深 200 mm。

4. 炮眼数量

根据岩石性质、断面尺寸、使用爆炸材料等，按炮眼的不同作用进行合理布置，排列出炮眼数，经实践验证后再作适当调整。调整后的炮眼数目应满足有较高的爆破效率，且爆破后的巷道轮廓应符合施工和设计的要求。

二、对掘进工作面爆破工作的要求

掘进工作面爆破工作要做到"七不、二少、一高"。

1. 七不

（1）不发生爆破伤亡事故，不发生引燃、引爆瓦斯或煤尘事故。

（2）不超挖、欠挖，巷道轮廓符合设计要求，工作面平、直、齐，中、腰线符合规定。

（3）不崩倒支架，防止发生冒顶事故。

（4）不崩破顶板，便于支护、不留伞檐，防止落石事故。

（5）不留底根，便于装车、铺轨和支架。

（6）不崩坏管线、设备。

（7）不抛掷太远，不出大块，岩堆集中，有利于打眼与装岩平行作业和单行作业。

2. 二少

（1）减少爆破时间，做到全断面一次爆破。

（2）材料消耗少，合理布置炮眼，装药量适当。降低炸药、雷管消耗，减少震动。

3. 一高

炮眼利用率高。

第二节　炮采工作面爆破技术

一、炮采工作面炮眼的种类和作用

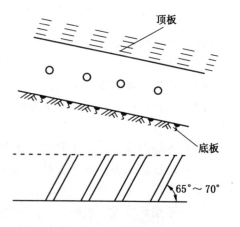

炮采工作面的炮眼，按位置可分为底眼、腰眼和顶眼，如图7-13所示。

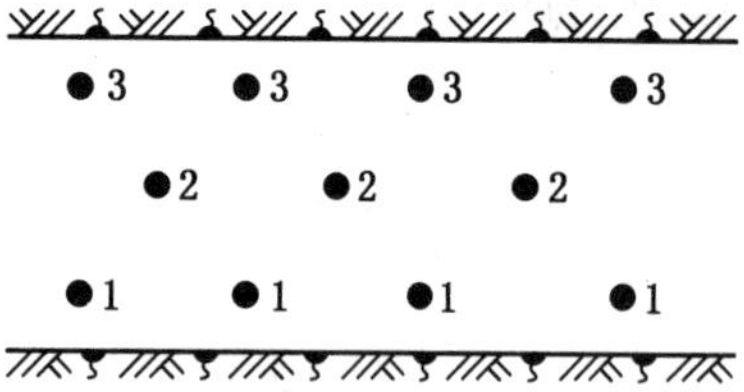

1. 底眼

底眼位于工作面的底部，它的作用是先将煤层下部的煤崩出，起到掏槽作用，为腰眼和顶眼创造自由面，不留底煤，不破底板，为装煤、推移刮板输送机和支柱创造良好的条件。

1—底眼；2—腰眼；3—顶眼

图7-13　炮采工作面炮眼

布置示意图

2. 腰眼

腰眼位于煤层顶板与底板之间的腰部，它的作用是进一步扩大底眼掏槽，为顶眼增加自由面，为落煤创造条件。

3. 顶眼

顶眼位于腰眼与顶板之间，它的作用是在不留顶煤并保持顶板稳定或减少顶板被震动的情况下落煤。

二、炮采工作面炮眼的排列形式

炮采工作面炮眼排列应根据工作面的采高、煤的硬度、顶底板岩性和煤层节理、层理等条件来决定。炮眼的排列形式有单排眼、双排眼、三花眼和五花眼。

1. 单排眼

单排眼一般用于厚度为1 m以下的薄煤层或煤质松软、节理发育的中厚煤层。一般沿工作面打一排稍带俯角并斜向一侧的炮眼，如图7-14所示。

2. 双排眼

当煤层厚度为1.0～1.5 m，煤层中硬时，沿工作面打两排上、下成对的炮眼，叫双排眼，如图7-15所示。

3. 三花眼

当煤层厚度1.0～1.5 m，煤质松软时，打两排上下错开的炮眼叫三花眼，如图7-16所示。

4. 五花眼

当煤层厚度大于1.5 m，煤质坚硬或采高较大的中厚煤层，沿工作面打三排炮眼，一般上、中、下三排炮眼相互错开的布置叫五花眼，如图7-17所示。

图7-14　单排眼布置

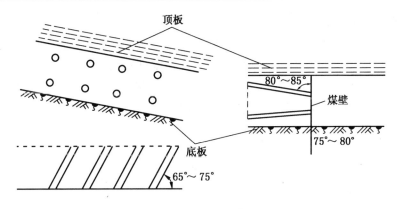

图 7－15　双排眼布置

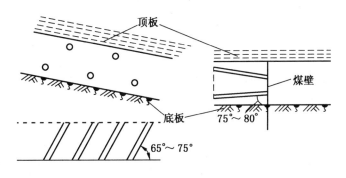

图 7－16　三花眼布置

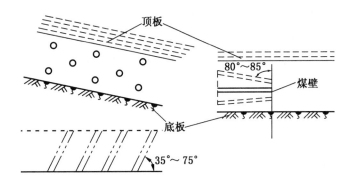

图 7－17　五花眼布置

三、采煤工作面爆破参数

1. 炮眼角度

为便于打眼操作，不崩倒支架，炮眼与煤壁水平夹角一般为 65°～75°，煤软时角度大一些，煤硬时角度小一些。角度过大，会降低炮眼的利用率；角度过小，虽对爆破有利，但影响进度，不便于打眼操作，容易崩倒工作面支架，且爆破时将大量煤炭崩入采空区，增加清扫浮煤的工作量，同时又浪费煤炭资源，易造成煤炭自然发火。但因掏槽眼只有一个自由面,炮眼角度一般为45°~55°。

炮眼在垂直面上,顶眼一般有仰角,底眼一般有俯角。顶眼要求不破坏顶板,减少对顶板的震动和不留顶煤为原则。当顶板稳定时,顶眼仰角为5°~10°,眼底距顶板0.1~0.3 m;顶板松散或破碎以及分层开采底层时,顶眼与顶板平行,眼底距顶板一般为0.3~0.5 m。底眼俯角为10°~15°,眼底距底板约0.1~0.2 m,以不破底板、不留底煤、使底板保持平整为原则。

2. 炮眼间距

炮眼间距,可根据炮眼的深度、煤质软硬、夹石情况和粒度要求而定。在正常情况下,炮眼的间距与深度之比保持在3:5左右,一般为1.0~1.2 m。

3. 炮眼深度

炮眼深度主要取决于顶板的状况、一次推进的进度、支护方式、装运能力和炮眼的角度等。一般都采用小进度,一次推进度的长度1.0~1.2 m,炮眼深度大于循环进度0.2 m左右。

4. 炮眼的装药量

每个炮采工作面作业规程里的爆破说明书中都规定了顶眼、腰眼、底眼的炸药消耗量。一般底眼装药量最多,当爆破进度为1 m左右时,在硬、中硬煤和软煤中分别为250~350 g、200~300 g、150~250 g。腰眼药量适当减少,顶眼药量最少。双排眼时,底眼和顶眼的装药量一般按1:(0.5~0.7)的比例分配。三排眼时,底、腰、顶眼的装药量按1:0.75:0.5的比例分配。在采煤工作面爆破时,应按爆破说明书的装药量要求进行装药,避免出现装药量过大的现象。

5. 起爆方式

可采用煤矿许用瞬发雷管或煤矿许用毫秒延期雷管起爆,但使用毫秒延期雷管的爆破效果和安全效果要比瞬发雷管好。一般使用毫秒延期雷管爆破装煤效率可提高31%~50%。只要顶板条件、运输能力、通风满足要求、瓦斯不超限,可适当加长一次爆破长度。

四、对炮采工作面爆破工作的要求

炮采工作面爆破工作面要做到"七不、二少、三高"。

1. 七不

(1) 不发生爆破伤亡事故,不发生引燃、引爆瓦斯或煤尘事故。

(2) 不崩倒支架,防止发生冒顶事故。

(3) 不崩破顶板,便于支护,降低含矸率。

(4) 不留底煤和伞檐,便于攉煤和支柱。

(5) 不超挖、欠挖,使工作面平、直、齐,保证循环进度。

(6) 不崩翻刮板输送机、不崩坏油管和电缆等。

(7) 不出大块煤,减少人工二次破碎工作量。

2. 二少

(1) 减少爆破次数,增加一次爆破的炮眼个数,缩短爆破时间。

(2) 材料消耗少,合理布置炮眼,装药量适中。降低炸药、雷管消耗。

3. 三高

块煤率高、回采率高、自装率高。

第三节　毫秒爆破

一、毫秒爆破的安全性

爆破地点附近 20 m 以内风流中瓦斯浓度达到 1%，严禁装药爆破。经测定，在高瓦斯矿井中，爆破后 160 ms 时，瓦斯浓度 0.3%~0.5%，260 ms 时为 0.3%~0.98%，360 ms 时为 0.35%~1.60%，最高达 1.6%，但在 360 ms 以内一般不超过 1%。

在有瓦斯、煤尘爆炸危险的采掘工作面进行爆破，采用秒延期雷管时，因其延期时间较长，在爆破过程中从岩体内排泄出的瓦斯有可能达到爆破界限，从而造成瓦斯爆炸事故。因此，《煤矿安全规程》规定，煤矿井下必须使用煤矿许用瞬发电雷管、煤矿许用毫秒延期电雷管或者煤矿许用数码电雷管。

对于瞬发雷管，由于没有延期性，在有瓦斯和煤尘爆炸危险的采掘工作面进行爆破时，如果只进行一次爆破，其安全性也符合要求，但井下在使用瞬发雷管时，仅一次爆破很难达到生产的需要，往往要多次爆破才能实现。大量的试验结果表明：瞬发雷管分次爆破，尽管采取了强制通风等措施，使风流中瓦斯浓度迅速下降，但在腔槽、炮窝内以及通风不良的地点，瓦斯浓度往往达到 1%~10%，所以在多次连续爆破时，特别是在高瓦斯矿井中是相当危险的。据统计，我国由于二次瞬发爆破而引起瓦斯爆炸事故在总的爆破事故起数中占 65% 左右。

而采用毫秒爆破，相邻段之间的间隔只有 25 ms，只要煤矿许用毫秒电雷管最后一段延期时间在 130 ms 以内，并且能够遵守其他相关的安全规定，爆破安全是能够保证的。因为在 360 ms 内，瓦斯浓度一般也不超过 1%，而且 130 ms 仅为 360 ms 的 1/3 多一点，这样在工作面的瓦斯涌出量没有达到爆炸浓度前，爆破已经完毕。另外，尽管炮后槽腔、炮窝内的瓦斯可能较大，但由于不再进行爆破，没有火源，就不会发生由爆破引起的瓦斯爆炸事故，从而达到安全的目的。实践证明，在瓦斯矿井的采掘工作面利用毫秒电雷管全断面一次起爆实现延期爆破，是安全可靠的。我国从 1970 年开始，在各主要矿区的高、低瓦斯矿井的各种采煤工作面中使用了数亿发毫秒电雷管，从未发生过因使用毫秒电雷管引起瓦斯爆炸事故。

二、毫秒爆破的优点

（1）一次爆破可以增加起爆雷管个数，缩短爆破时间和爆破后检查时间，提高效率。

（2）提高爆破作业的安全性。与瞬发电雷管相比，较好地降低了二次爆破引爆瓦斯、煤尘的危险，有效地保证了"一炮三检"、一次装药引爆一次爆破和严禁 2 台发爆器同时在一个工作面爆破等制度的实施。

（3）具有补充爆破作用，在采用毫秒爆破时，由于各组药包起爆间隔时间很短，前、后组药包先后爆破的岩石相互碰撞，进行补充破碎，提高岩石破碎程度。

（4）降低单位炸药消耗量。药包爆破时，对周围岩体的残余应力需要经过一定的时间才会消失，因此当前、后药包以毫秒间隔先后爆破时，就会出现应力叠加，扩大炸药的破岩范围。试验资料证实，采用毫秒爆破，如果每个炮眼的装药量不变，则炮眼间距和最小抵抗可以相应增加 10% ~ 20% 。

（5）降低爆破时产生的地震作用。减轻和防止采掘工作面顶板围岩的破坏，有利于顶板管理。据实际观测，毫秒爆破的地震作用比一般爆破大约降低 1/3 ~ 2/3 。

（6）有利于安全生产和工人的身体健康，并大大减轻爆破工的体力劳动。瞬发爆破时，工人必须连续多次进入帮顶容易冒落的爆破工作面进行连线作业，使发生冒顶伤人事故的可能性增加，同时，工人多次吸入炮烟，不利于身体健康；采用毫秒爆破时，因可实现全断面一次爆破，就没有上述这些弊端。

三、毫秒爆破的安全措施

在有瓦斯的采掘工作面采用毫秒爆破，为了确保安全生产，必须制定切实可行的安全措施。

（1）加强采掘工作面的瓦斯检查，严格执行"一炮三检"制度，瓦斯浓度达到 1% 时（现龙煤新规定是 0.8% ）不准装药、爆破。

（2）煤矿许用毫秒延期电雷管总延期时间必须控制在 130 ms 以内。

（3）毫秒爆破，无论是正向起爆还是反向起爆都必须装填水炮泥。封泥质量和长度必须符合要求，严防"打筒子"、炮眼喷火现象。

（4）电雷管使用前必须导通测试全电阻值并要分组；爆破工要熟记电雷管的段别标志，防止装错。

（5）采用毫秒爆破时，掘进工作面要全断面一次起爆，不能全断面一次起爆的，必须采取安全措施；在采煤工作面可分组装药，但一组装药必须一次起爆。

（6）相邻两炮眼的距离不得小于 0.4 m；一次爆破的雷管数应根据通风、顶板、运输能力等情况确定。

第四节　光　面　爆　破

一、光面爆破的种类

光面爆破根据施工方法不同可分为轮廓线光爆法、预裂光爆法和普通光爆法 3 类。

（1）轮廓线光爆法。轮廓线光爆法周边眼是沿巷道轮廓线打一排密集而不装药的炮眼，经相邻一排炮眼爆破后与巷道围岩切开。

（2）预裂光爆法。预裂光爆法是沿巷道轮廓线布置一圈密集的周边眼，采取低密度均匀分布的弱威力炸药，首先引爆周边眼，使各炮眼间形成相互连通的破裂面，使主爆体与周围岩石分割开后，再爆破主爆体。此法能在保护围岩不受周边破坏的情况下，得到完整的巷道设计轮廓线。

（3）普通光爆法。普通光爆法又称修边爆破，与预裂爆破相反，周边眼是在其他炮眼爆破后，最后起爆，是目前井巷施工中广泛使用的方法。根据断面不同，施工方法上又分为预留光面层光爆法和全断面一次爆破光爆法两种，前者多用于断面面积在 12 m² 以上的巷道或硐室，后者多用于断面面积在 12 m² 以下的巷道。所谓光面层，就是指周边眼与周边眼内第一圈辅助眼之间的岩石。预留光面层光爆法，就是先用小断面超前掘进，而将顶部或顶、帮的光面层留下进行二次起爆，如图 7－18 所示。

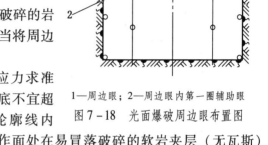

二、光面爆破的注意事项

（1）当工作面有软岩（煤）层或易冒落破碎的岩石时，可根据实际情况在周边加打空眼或适当将周边眼加密。

（2）光面爆破的眼位、眼深及其方向应力求准确。在硬岩中，周边眼口应在轮廓线上，眼底不宜超过轮廓线 100 mm；在软岩中，眼口应在轮廓线内

1—周边眼；2—周边眼内第一圈辅助眼

图 7－18 光面爆破周边眼布置图

100 mm处，眼底应正好落在轮廓线上，当工作面处在易冒落破碎的软岩夹层（无瓦斯）时，可在软岩夹层上加打空眼，起导向作用。

（3）光爆应采用反向装药，若在高瓦斯矿井，必须制定安全技术措施，经矿总工程师批准后实施。

三、光爆爆破的质量标准

（1）眼痕率，硬岩不应小于80%，中硬岩不应小于60%。

（2）软岩中的巷道，周边成型应符合设计轮廓。

（3）两炮的衔接台阶尺寸，眼深小于 3 m 时，不得大于 15 mm；眼深为 5 m，不得大于 250 mm。

（4）岩面不应有爆震裂缝。

（5）巷道周边不应欠挖，平均线性超挖值应小于 200 mm。

第五节 定向断裂爆破

一、定向断裂爆破的原理

所谓定向断裂爆破是指在岩巷周边眼爆破时，利用切缝管对炮眼内的爆炸能量释放方向进行定向控制，使切缝方向集中释放能量来形成最大应力，作用于岩面并产生裂缝，裂缝在应力波和爆生气体的共同作用下定向扩展，形成控制精确的断裂面的控制爆破，如图 7－19 所示。

周边相邻的两个炮眼 A、B，A 孔首先起爆后，产生强大的应力波，随着应力波 P_A 向 B 孔扩展，应力波在切缝方向形成微小裂缝，而在其他方向由于切缝管壁的阻碍，应力波对岩石的破坏作用很小，不致产生径向裂缝，当 P_A 作用后，B 孔也开始起爆，并沿连线面开始形成径向裂缝，B 孔起爆后，P_B 向 A 孔作用，随后，两炮眼内高压爆生气体进一步扩展连线面的裂缝，最后形成光滑的壁面。

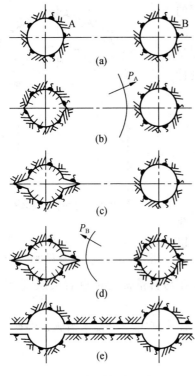

图 7-19　定向断裂爆破原理
与裂缝扩展过程图

二、定向断裂爆破的优点

（1）改善了光面爆破时周边眼内能量分散的情况，使巷道轮廓线上的爆炸能量得到集中，应力波更为强大，切缝方向的能量一般是其他方向的 4～5 倍，可以产生更长的裂缝，增加了周边眼的眼距，一般比光爆增加 200 mm 左右。

（2）可以减少周边轮廓线的超挖、欠挖现象。

（3）切缝管有效地减弱了爆破应力波对围岩的破坏程度，增强围岩自身稳定性，便于采用锚杆支护方式，提高效率、降低支护成本。

（4）由于不采用留空气柱或小直径装药方式，与光面爆破相比，爆破效率得到较大的提高，眼痕率也较高，在中硬岩爆破中，可达到 95%。

（5）定向断裂爆破适用于各种岩石爆破，且效果较好。

复习思考题

1. 掏槽眼都有哪些种类？各适用于什么条件？
2. 掘进工作面对炮眼布置有哪些要求？
3. 炮眼布置应遵循什么原则？
4. 爆破说明书中主要说明哪些爆破参数？
5. 毫秒爆破的特点有哪些？
6. 光面爆破要满足哪些参数要求？
7. 光面爆破应注意哪些事项？
8. 简述定向爆破原理。

第八章　井下爆破作业的安全操作

知识要点

☆ 爆破说明书的编写方法，熟悉爆破说明书的内容

☆ 起爆药卷的制作

☆ 炮眼填封炮泥的作用及炮泥的材料

☆ 爆破连线的要求和方法

☆ 采掘工作面安全爆破的有关规定

☆ 爆破后的安全检查工作

☆ 井下贯通爆破的特殊性

☆ 井下特殊条件下安全爆破

第一节　爆 破 说 明 书

一、爆破说明书的作用

爆破说明书是采掘作业规程的主要内容之一，是爆破作业贯彻《煤矿安全规程》的具体措施，是爆破工进行爆破作业的依据。

煤矿爆破作业必须编制爆破作业说明书，爆破工必须依照爆破作业说明书进行爆破作业。爆破作业前，爆破工要认真阅读爆破说明书，熟悉说明书内要求的爆破参数、爆破条件以及爆破后要达到的要求。

二、爆破说明书的内容

爆破说明书必须符合以下内容和要求：

（1）炮眼布置图必须标明采煤工作面的高度和打眼范围或掘进工作面巷道的断面尺寸，炮眼的位置、个数、深度、角度及炮眼编号，并用正面图、平面图和剖面图表示。

（2）炮眼说明表必须说明炮眼的名称、深度、角度，使用炸药、雷管的品种，装药量、封泥长度、连线方法和起爆顺序。

（3）爆破说明书必须编入采掘作业规程，并根据不同的地质条件和技术条件及时补充修改。

除《煤矿安全规程》规定的内容和要求外，爆破说明书还应包括预期爆破效果表，对炮眼利用率、每个循环进度和炮眼总长度、炸药和雷管总消耗及单位消耗量等进行规定。

在实际爆破作业中，由于工作面条件复杂多变，当爆破条件发生变化时，应及时修改爆破说明书的内容，使爆破说明书的内容尽量与实际情况相适应。

第二节　起爆药卷装配

一、起爆药卷装配的规定

（1）《煤矿安全规程》规定，装配起爆药卷必须在顶板完好、支架完整，避开电气设备和导电体的爆破工作地点附近进行。严禁坐在爆炸物品箱上装配起爆药卷。

（2）只准爆破工装配起爆药卷，不得由其他人代替。

（3）装配起爆药卷时，必须防止电雷管受震动、冲击，折断脚线或损坏脚线绝缘层。

（4）一个起爆药卷内只准插放一个电雷管。

二、起爆药卷装配的安全操作

1. 了解炮眼布置情况

装配起爆药卷前，爆破工应了解炮眼布置情况，清点爆破工具，然后开始装配起爆药卷。

2. 单个雷管的抽取

先将成束的电雷管脚线理顺，然后用一只手捏住电雷管脚线尾端。另一只手将电雷管管体放在手中心，大拇指和食指捏住管口一端脚线，均匀地用力拉住前端脚线把电雷管抽出。抽出单个电雷管后，必须将其末端扭结成短路。

3. 装配起爆药卷的操作方法

装配起爆药卷时，电雷管只许由药卷的顶部(非聚能穴端)装入，装入的方法有两种：

（1）药卷扎眼装配。先将药卷顶部揉软，再用一根略大于电雷管直径的尖头木棍或竹棍。在药卷顶端中心垂直扎一孔眼，将电雷管全部插入孔眼中，然后用电雷管脚线在药卷上套一个扣，剩余脚线全部缠绕药卷，以便将电雷管固定在药卷内，并把电雷管脚线末端扭结短路，如图 8 - 1 所示。

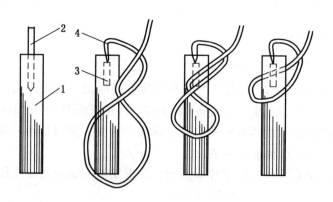

1—药卷；2—扎孔棍；3—电雷管；4—脚线

图 8 - 1　引药扎孔装配

（2）启开药卷封口装配。先用手将药卷揉搓松软，再打开药卷顶部封口，用木竹棍在药卷顶端中心扎略大于雷管直径的孔眼，再将电雷管全部装入药卷，用雷管脚线把封口扎牢，同时把电雷管脚线末端扭结成短路，如图8-2所示。

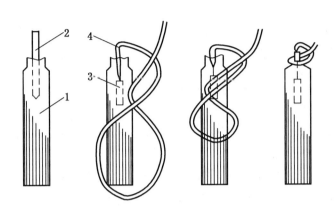

1—药卷；2—扎孔棍；3—电雷管；4—脚线

图8-2　启开药卷封口装配

4. 起爆药卷数目的确定

起爆药卷的数目应以当时爆破工作面的需要数目为限，用多少装配多少。

5. 起爆药卷的保存

爆破工必须把炸药、电雷管分开存放在专用的爆炸材料箱内。装配好的起爆药卷也要整齐摆放在容器内，点清数并加锁，严禁乱扔乱放。爆炸材料箱必须放在顶板完好，支架完整，避开机械、电气设备的地点。爆破时，必须把爆炸材料箱放到警戒线以外的安全地点。

三、装配起爆药卷常见事故及预防

1. 常见事故

由于雷管内为高敏感度的炸药，装配起爆药卷时，如果违反操作规程就很容易引起事故。常见安全事故有以下几方面：

（1）装配起爆药卷的地点选择在支架不全、不牢或者空顶的地方，由于顶板矸石（煤）掉下，砸到电雷管，导致雷管爆炸。

（2）从成束雷管中抽出单个雷管时，没有理顺好电雷管脚线，抽取单个雷管用力过大，致使封口塞松动，两根脚线错动，造成雷管拒爆或造成雷管桥丝与管体内壁发生摩擦，使雷管发生燃烧或爆炸。

（3）电雷管脚线没有扭结成短路，脚线搭到巷壁、轨道、管路、电缆等导电体、有静电的塑料制品上，导致电流通过雷管，引起雷管爆炸。

（4）用电雷管直接插入炸药内用力过大，引起雷管爆炸，或把药卷挤压过分密实引起药卷拒爆。

（5）工人坐在爆炸材料箱上装配起爆药卷。一个雷管发生爆炸，引爆其他爆炸材料，使事故扩大。

（6）发爆器与电雷管、起爆药卷混放一起，发爆器漏电引起电雷管、炸药爆炸。

（7）电雷管插入药卷的深度不够，雷管的起爆能没有完全传给药卷，产生拒爆或残爆现象。

2. 事故的预防

（1）装配起爆药卷必须在顶板完好、支架完整的爆破工作地点附近进行。严禁坐在爆炸材料箱上装配起爆药卷。

（2）抽出单个雷管时，应按正确方法将电雷管抽出。避免桥丝松动或桥丝与壳壁发生摩擦。抽出的单个电雷管应立即使雷管脚线短路。

（3）装配起爆药卷时，严禁穿化纤衣服，避开电气设备和导电体，并把电雷管脚线末端扭结成短路。

（4）装配好的起爆药卷应妥善保管，严禁乱扔乱放，禁止与发爆器混放一起。

（5）在药卷上扎孔时，应用略大于电雷管直径的尖头木棍或竹棍扎孔，并把电雷管全部插入药卷中。

（6）加强对爆破工的安全技术培训，规范操作步骤。

第三节　装　　药

一、装药条件

爆破工在装药之前，必须与班组长、瓦斯检查员对装药工作附近及炮眼等进行全面检查，对所检查出的问题，应及时处理，有下列情况之一时，严禁装药：

（1）采掘工作面的空顶距离不符合作业规程的规定，或者支架有损坏，或者伞檐超过规定；采煤工作面炮道宽度不符合作业规程规定；采掘工作面上下出口支护状态不好。

（2）装药前未检查瓦斯，或装药地点附近20 m以内风流中瓦斯浓度达到1%。

（3）在装药地点20 m以内，矿车，未清除的煤、矸或其他物体堵塞巷道断面1/3以上。

（4）炮眼内发现异状、有显著瓦斯涌出、煤岩松散、温度骤高骤低、透老空等情况。

（5）采掘工作面风量不足，风向不稳，或风筒末端距掘进工作面的距离超过作业规程规定，循环风未处理好。

（6）炮眼内煤、岩粉没有清除干净。

（7）炮眼深度与最小抵抗线不符合《煤矿安全规程》规定。

（8）发现炮眼缩小、坍塌或有裂缝。

（9）装药安全警戒范围内，正在打眼、装岩。

（10）没有合乎质量和满足数量要求的黏土炮泥和水炮泥。

（11）有冒顶、透水、瓦斯突出预兆以及过断层、冒顶区无安全措施、发现拒爆未处理时。

二、装药结构

煤矿爆破常用的装药结构有正向装药和反向装药两种形式，根据药包本身的结构又分为连续装药和空气间隔装药。

1. 正向装药和反向装药

（1）正向装药是指起爆药包（引药）位于柱状装药的外端，靠近炮眼口，雷管底部朝向眼底的装药方法，如图 8 - 3a 所示。

（2）反向装药是指起爆药包位于柱状装药的里端，靠近或在炮眼底，雷管底部朝向眼口的装药方法，如图 8 - 3b 所示。

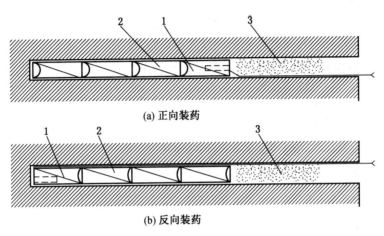

(a) 正向装药

(b) 反向装药

1—起爆药卷；2—被动药卷；3—炮泥

图 8 - 3　正向装药与反向装药示意图

装药结构对爆破效果和爆破安全影响很大，从对瓦斯、煤尘的安全性来看，一般认为正向装药（正向爆破）比反向装药（反向爆破）安全，因而《煤矿安全规程》规定，在有瓦斯、煤尘爆炸危险的工作面，不能采用反向爆破。

2. 连续装药和间隔装药

（1）连续装药。连续装药是指炮眼内的药卷彼此密接的装药。是煤矿井下最常用的装药结构，主要有不耦合连续装药、留空气柱连续装药和不留空气柱连续装药 3 种。

（2）间隔装药。间隔装药是指炮眼内的药包之间留有空气柱，使药包之间不直接接触的装药。

三、装药操作方法和步骤

当爆破工确认符合装药条件后，可进行装药，安全装药程序如下：

1. 清孔

装药前，首先将等待装药的炮眼用掏勺或压缩空气吹眼器清除净炮眼内的煤、岩粉和积水，以防煤、岩粉堵塞，使药卷无法密接或装不到底。使用吹眼器时，要避免炮眼内飞出的岩粉、块等杂物伤人。

2. 验孔

炮眼清理后，再用炮棍检查炮眼的深度、角度、方向和炮眼内部情况。发现炮眼不符合装药要求的，及时处理。

3. 装药方法

验孔以后，爆破工必须按作业规程、爆破说明书规定的各号炮眼的装药量、起爆方式进行装药。各个炮眼的电雷管段号要与爆破说明书规定的起爆顺序相符合。

装药时，要一手抓住电雷管的脚线，另一手用木质或竹质炮棍将放在眼口处的药卷轻轻地推入炮眼底，使炮眼内的各药卷间彼此密接，推入时用力要均匀，不能用炮棍冲撞或捣实，以防捣破药卷外皮使炸药受潮或捣响雷管，对于仰角较大的炮眼，可在药卷后边顶上一段炮泥，一起送入眼底，用炮泥卡住药卷。

正向装药的起爆药卷最后装入，起爆药卷和所有药卷的聚能穴朝向眼底；反向装药是先装起爆药卷，起爆药卷和所有药卷的聚能穴朝向眼外。

装药后，必须把电雷管脚线末端扭结成短路并悬空，严禁电雷管脚线、爆破母线同运输设备及采掘机械等导电体相接触。

4. 封孔

装填炮泥时，要一手拉住雷管脚线，使脚线紧贴炮眼侧壁，但不要拉得过紧，防止拉坏脚线或管口；另一手装填炮泥，最初填塞的炮泥应慢慢用力，轻捣压实；以后各段炮泥须依次用力一一捣实。装填水炮泥时，紧靠药卷处应先装填 0.3 ~ 0.4 m 的黏土炮泥，然后再装水炮泥，水炮泥外边剩余部分，应用黏土炮泥封实。要防止捣破水炮泥，同时注意雷管脚线应紧靠炮眼内壁，避免脚线被炮棍捣破。炮眼封泥的长度，必须符合《煤矿安全规程》规定。

四、装药时的安全注意事项

1. 受潮板结的炸药不能使用

装药前必须用手将硬化的硝酸铵类炸药揉松，但不能将药包纸或防潮剂损坏，禁止使用水分含量超过 0.3% 的铵梯炸药和硬化到不能用手揉松的硝酸铵类炸药，也不能使用破乳和不能揉松的乳化炸药。

不能用手揉松的硬化硝酸铵类炸药，其爆轰及传爆性能显著降低，容易产生残爆、爆燃或拒爆。乳化炸药破乳时，感度降低，尤其夏季生产的乳化炸药，有时可能产生硬化现象。不能揉松的硬化乳化炸药，感度降低。无论哪一种现象都可能产生残爆、爆燃或拒爆，使爆生气体中增加了剧毒一氧化碳，容易引燃、引爆瓦斯和煤尘，影响爆破安全和效果，因此严禁使用此种硬化炸药。

2. 潮湿或有水的炮眼应使用抗水型炸药

铵梯炸药吸水受潮后，极易产生拒爆、残爆或爆燃。虽然非抗水炸药常套上防水套，或是将一定数量药卷穿在防水油纸筒里，但装药时，易将防水套划破，或装药与爆破间隔时间过长，水进防水套内，使防水套失去作用。同时防水套在炮眼内参加爆炸反应，改变了炸药的氧平衡，增加爆生气体中一氧化碳的含量。因此《煤矿安全规程》规定，有水的炮眼应使用抗水型炸药。

3. 正确的装药结构

装药时，必须注意起爆药卷的方向，不得装盖药、垫药或采用其他不合理的装药结构；不得使起爆药卷爆炸后产生的爆轰波方向与药卷排列方向相反。

在现场把正向起爆药卷以外的药卷称为盖药；把反向起爆药卷以里的药卷称为垫药，

如图 8-4 所示。

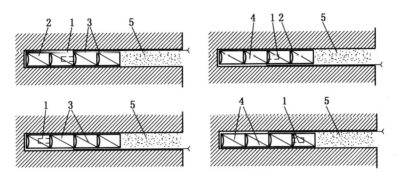

1—起爆药卷；2—被动药卷；3—盖药；4—垫药；5—炮泥

图 8-4　不合理的炮眼装药结构

　　根据试验结果，垫药和盖药在大部分情况下不传爆。这是由于爆轰的传播是有方向性的，总是以电雷管为起点，顺着电雷管起爆的方向，沿着药柱向前传播。在一般情况下，相反的方向得不到足以激发炸药的能量，导致盖药、垫药的拒爆。即使个别传爆，也达不到炸药的正常爆速。

　　装盖药、垫药不仅浪费炸药，影响爆破效果，更为严重的是容易产生残爆和爆燃，一旦瓦斯、煤尘达到爆炸浓度，就有可能发生爆炸，对井下安全造成很大的威胁。至于装药时既不考虑爆轰方向，也不考虑药卷聚能穴的装药方法，也都是不合理的装药，在实际操作中应杜绝此类情况的发生。

　　4. 不得装错电雷管的段数

　　掘进工作面一般只有一个自由面，自由面越少，周围岩石的夹制作用就越大；自由面越多，周围岩石的夹制作用就越小，炸药的爆炸能量发挥得就越充分，爆破效果就越好，炸药的消耗量就越少。所以，为了有效地进行爆破，总是人为地创造并利用自由面，掘进工作面的掏槽眼和辅助眼都是为了增加和扩大自由面创造条件的，掘进工作面全断面一次爆破采用毫秒延期雷管进行微差爆破也都是为了增加和利用自由面。

　　如果装错雷管延期段数，应先爆的没有爆，应后爆的却先爆了。原定后爆的炮眼，是按 2~3 个自由面装的药量，由于提前起爆，结果只有一个自由面，抵抗线太大，必然造成放空炮（打洞），无法使工作面形成有效的爆破效果。一方面影响作业进度和工程质量，另一方面容易引爆瓦斯和煤尘。

　　因此，爆破工必须按照爆破说明书规定的雷管段数进行装药，防止装错。

　　5. 一个炮眼内不得装两个起爆药卷

　　有的爆破工为了克服间隙效应或在装药量较多的情况下，在一个炮眼内装入两个同段电雷管的起爆药卷，这种做法，对安全极为不利。

　　间隙效应是指在炮眼内，如果药柱与炮眼孔壁之间存在间隙，常常会发生爆轰中断或爆轰转变为拒爆的现象，也称管道效应或沟槽效应。要想克服间隙效应，应采取如下的方法：

　　（1）装药前，炮眼内的煤、岩粉应认真清除，保证药卷之间密接。

（2）采用耦合散装炸药的方法来消除径向间隙。在连续药柱上，隔一定距离套上硬纸板或其他材料做成的隔环，其外径稍小于炮眼直径，将间隙隔断以阻止间隙内空气冲击波的传播或削弱其强度。

（3）采用临界直径小、爆轰性能好、对间隙效应抵抗力大的炸药。

（4）加大药包直径或缩小炮眼直径。

6. 坍塌、变形、有裂缝或用过的炮眼不准装药

坍塌、变形、有裂缝或用过的炮眼都不完整，装药时容易将药卷卡住，不是装不到底，就是互不衔接，而且还容易把起爆药卷的电雷管拽出，或将药卷包皮划破。由于眼壁不规整，炮泥充填不易达到要求。炮眼的裂缝泄漏爆生气体，容易引燃瓦斯和煤尘。这不仅收不到预期的爆破效果，而且不利安全。

7. 装药时要清除炮眼内的煤、岩粉

炮眼内存有煤、岩粉容易发生瓦斯爆炸事故或爆破事故，因为：

（1）炮眼内的煤、岩粉使装入炮眼的药卷不能装到眼底或者药卷之间不能密接，影响爆炸能量的传播，造成残爆、拒爆和爆燃，并留下残眼。

（2）煤粉是可燃物质，极易被爆炸火焰燃烧，喷出孔外，有点燃瓦斯、煤尘的危险。

（3）若煤粉参与炸药爆炸的反应过程，就会改变了原有爆炸的氧平衡，成为负氧平衡，爆生气体的一氧化碳增高，影响人身健康。

8. 装药时要用炮棍将药卷轻轻推入并保证聚能穴端部都朝着传爆的方向

煤矿井下目前普遍使用的是铵梯炸药、乳化炸药和水胶炸药，这几种炸药有最佳密度范围。若用炮棍把炸药捣实，使炸药密度大于最佳密度，就会降低炸药的敏感度，造成炸药反应不完全，有时还会出现爆轰中断而产生拒爆。另外，防止把铵梯炸药的外皮捣破，以防炸药受潮。对于乳化炸药和水胶炸药，则可避免浆液外流，保证炸药的爆炸性能，并且可以避免捣破雷管脚线或捣响雷管。

五、装药时常见事故及其预防

（1）装药量过大。装药量过大，一是会使爆炸瞬间在炮眼内产生大量高温高压的气态产物，这往往是引燃瓦斯或煤尘的根源；二是爆破后炮烟和有毒有害气体相应增加，不但延长排烟时间，而且还影响工人身体健康；三是破坏围岩的稳定，容易崩倒支架，造成工作面冒顶、落石和片帮，因装药量过大而发生冒顶、落石和片帮伤亡事故中占相当比例；四是容易崩坏电气设备，造成电缆短路和工作面停电、停产；五是使煤、岩过于粉碎，抛掷距离远，进入采空区，增加装煤（岩）的困难，影响回采率，增加吨煤成本；六是炮眼封泥长度无法得到保证，易造成放空炮，引爆瓦斯煤尘事故。

（2）装药结构不合理。没有按爆破说明书的要求进行装药，而是装盖药或垫药，或聚能穴方向与爆轰波传播方向不一致。

（3）炮眼内装错电雷管的段数，打乱正常起爆顺序，无法保证爆破效果和安全。

（4）炮眼内的煤、岩粉未清理干净，造成药卷间没有密接。

（5）一个炮眼内装多个雷管，容易使后爆的雷管在巷道中爆炸，引起明火。

（6）潮湿或有水的炮眼未使用抗水炸药，导致炸药和雷管受潮，无法起爆或起爆能量不足。

（7）使用毫秒延期电雷管时随意跳段。

（8）装药时操作方法不当，炸药被捣破或被捣过紧，使炸药敏感度降低。

【案例一】2000年5月16日18时10分，某煤矿发生一起因爆破引起的局部瓦斯爆炸事故，造成现场作业人员11人受伤。

1. 直接原因

工作面串联通风，爆破工违章操作。

2. 间接原因

（1）根据规定，每茬打眼4~6个，眼深2 m。实际打眼14个，眼深1.6 m。由于炮眼数严重超量，眼深不足1.6 m，加之设计断面小，只有0.7~0.8 m高，无法保证按规定角度打眼，造成眼底抵抗线小于规程规定，导致眼底拔炮。

（2）通风管理混乱，随意使用串联通风。

第四节　炮泥和封泥

井下常见炮泥有两种，一种是在塑料圆筒袋中充满水的水炮泥，另一种是黏土炮泥。

一、炮泥的优点和作用

炮泥是用来堵塞炮眼、提高炸药爆破效果的必须具备材料。炮泥的质量好坏、封泥长度、封孔质量直接影响到爆破效果和安全。

1. 黏土炮泥的优点和作用

（1）能提高炸药的爆破效果。当炸药爆炸时，炮泥能增加眼口的抵抗力，使炮眼内聚积压缩能，提高冲击波的冲击力，阻止高压的爆生气体从炮眼喷泻出来，同时还能使炸药在爆炸反应中充分氧化，放出更多的能量，使热能充分转化为机械能，从而达到理想的爆破效果。

（2）保证爆破安全。炮泥的阻塞使炸药在爆炸中充分氧化，达到零氧平衡，可以减少有毒气体的生成，降低了爆生气体逸出工作面时的温度和压力；同时还由于炮泥能阻止火焰和灼热固体颗粒从炮眼内喷出，减少了引燃瓦斯、煤尘的可能性。

2. 水炮泥的优点和作用

（1）消焰、降温。当炮眼内的炸药爆炸时，水炮泥内的水由于爆炸气体的冲击作用便形成雾状分布在空气中，吸收大量的热量，起到降低爆温、缩短爆炸火焰延续时间的作用，从而减少了引爆瓦斯或煤尘的可能性，有利于煤矿生产安全。

（2）灭火和减少有毒气体。水炮泥形成的水幕能灭尘，降低和吸收有毒有害气体，有利于井下作业环境的改善。经实际测定，使用水炮泥，煤尘浓度可降低近50%，二氧化碳含量可减少35%，二氧化氮含量可以减少45%。因此，水炮泥是一种安全、可靠的炮眼充填材料。

《煤矿安全规程》规定，炮眼封泥必须使用水炮泥，水炮泥外剩余的炮眼部分应用黏土炮泥或用不燃性、可塑性松散材料制成的炮泥封实。

二、炮眼封泥长度的规定

炮眼深度和炮眼的封泥长度必须符合下列要求：

（1）炮眼深度小于 0.6 m 时，不得装药、爆破。在特殊条件下，如挖底、刷帮、挑顶确须浅眼爆破时，必须制定安全措施，炮眼深度可以小于 0.6 m，但封泥长度不得小于炮眼深度的 1/2。

（2）炮眼深度为 0.6~1.0 m 时，封泥长度不得小于炮眼深度的 1/2。

（3）炮眼深度超过 1.0 m 时，封泥长度不得小于 0.5 m。

（4）炮眼深度超过 2.5 m 时，封泥长度不得小于 1.0 m。

（5）光面爆破时，周边光爆炮眼应用炮泥封实，且封泥长度不得小于 0.3 m。

（6）工作面有 2 个或 2 个以上自由面时，在煤层中最小抵抗线不得小于 0.5 m，在岩层中最小抵抗线不得小于 0.3 m，浅眼装药爆破大岩块时，最小抵抗线和封泥长度都不得小于 0.3 m。

（7）无封泥、封泥不足或不实的炮眼严禁爆破。

据统计，我国因爆破引起的瓦斯煤尘爆炸事故中，多数是由于炮眼不封泥、或封泥不足、质量不合格造成的。因此把住封孔质量这一关，可以大大减少爆破引起的瓦斯煤尘爆炸，保证矿井安全。

【案例二】1980 年 12 月 8 日 18 时，某矿井 -270 m 水平东翼北一采区 1704 工作面发生了煤尘爆炸事故，死亡 55 人，轻伤 4 人，直接经济损失 25.8 万元。事故原因是爆破采用一次联 2~3 个炮、短间隔分次放的办法，引起煤尘飞扬，同时，因炮眼封泥不足，仅长 30~50 mm，爆破时产生火焰，引起的煤尘爆炸。

1. 直接原因

爆破工违章操作，炮眼未填装炮泥或封泥长度不足引起的煤尘爆炸。

2. 间接原因

（1）未按《煤矿安全规程》要求填装炮泥。

（2）未采用毫秒电雷管一次通电全断面一次起爆的要求。

三、对炮眼封泥质量要求

（1）黏土炮泥是用具有不燃性和可塑性的松散材料制成的。它是由比例为 1:3 的黏土和砂子，加上 2%~3% 的食盐水拌和搓制而成。炮泥应干湿适度，过干或过软都无法使炮泥有足够的可塑性和强度。

（2）水炮泥是将水注入筒状聚乙烯塑料袋并封口而制成的充填材料。其长度一般在250~300 mm，直径略小于炮眼直径。用作炮眼封泥时，塑料袋内应有足够的水量，对漏水的水炮泥不得使用。

（3）严禁用煤粉、块状材料或其他可燃性材料做炮眼封泥。这是因为：这些材料不是可塑性的，不能起到堵塞炮眼的作用，无法使炮眼堵塞严密，阻止不了爆生气体的外逸，容易造成"放空炮"现象。这些材料具有可燃性，当这些材料参与炸药爆炸反应时，改变了炸药本身的氧平衡关系而变成负氧平衡，从而产生更多的有害气体并生成二次火焰，引燃、引爆瓦斯或煤尘。炸药爆炸时，将使燃烧的煤炭颗粒等可燃材料抛出，易引燃瓦斯煤尘。

【案例三】1988 年 6 月 18 日 7 时 40 分，某矿发生了特大瓦斯爆炸事故，井下 40 名工人全部遇难，直接损失 72 万元。事故原因是基本顶垮落将采空区瓦斯排出，进入一号工作面，夜班停产停风，早班又不开局部通风机，使工作面 12 h 无风，瓦斯达到了爆炸浓度，瓦斯检测员未到一号工作面检查瓦斯，爆破工违章用煤块当炮泥堵塞炮眼，爆破时放空炮产生明火引爆瓦斯。

1. 直接原因

老顶垮落将采空区瓦斯排出，爆破工违章放空炮产生明火引爆瓦斯。

2. 间接原因

（1）工作面通风管理混乱。

（2）井下爆破未执行"一炮三检"制度。

（3）爆破工违章操作放空炮。

3. 防范措施

（1）加强对爆破工安全知识培训，建立健全井下爆破安全制度。

（2）严格执行《煤矿安全规程》和爆破说明书规定进行爆破。

（3）加强井下通风管理，严格执行"一炮三检"制度。

【案例四】1998 年 10 月 28 日 19 时 20 分，黑龙江某地方煤矿一井因掘进工作面有循环风，加上进风截面减少，使工作面处于无风或微风状态，无法排放瓦斯，产生瓦斯聚积，非专职爆破工爆破，炮眼未用炮泥，并且使用煤电钻电源起爆，发生瓦斯爆炸事故，造成死亡 8 人的重大事故。

1. 直接原因

工作面无风，违章爆破引爆瓦斯。

2. 间接原因

（1）工作面通风管理混乱。

（2）井下爆破未执行"一炮三检"制度。

（3）非专职爆破工爆破，炮眼未使用炮泥，并且使用煤电钻电源起爆，发生瓦斯爆炸事故。

3. 防范措施

（1）建立健全井下爆破安全制度，非爆破人员严禁参与井下爆破作业。

（2）严格执行《煤矿安全规程》和爆破说明书规定进行爆破。

（3）加强井下通风管理，严格执行"一炮三检"制度。

第五节　连　　线

一、对爆破母线和连接线的要求

爆破母线和连接线必须符合下列要求：

（1）煤矿井下爆破母线必须符合标准。

（2）爆破母线和连接线、电雷管脚线和连接线、脚线和脚线之间的接头必须相互扭紧并悬挂，不得与轨道、金属管、金属网、钢丝绳、刮板输送机等导电体相接触。

（3）多条巷道掘进时，起爆地点不得选在同一处。特殊情况下，必在同一处起爆时，爆破母线应随用随挂，用完及时卷起，不得使用固定爆破母线。

（4）爆破母线与电缆、电线、信号线应分别挂在巷道的两侧。如果必须挂在同一侧，爆破母线必须挂在电缆的下方，并应保持 0.3 m 以上的距离。

（5）只准采用绝缘母线单回路爆破，严禁用轨道、金属管、金属网、水或大地等作回路。

（6）爆破前，爆破母线必须扭结成短路。

（7）爆破母线要有足够的长度，必须大于规定距离。

（8）爆破母线接头不应过多，以免增加网路电阻，出现断线、漏电或断路故障。每个接头要刮净锈垢后接牢，并用绝缘胶布包好。

（9）发现母线外皮破损，必须及时包扎，避免网路与外界相连，发生漏电、短路或雷管提前爆炸等意外事故。

（10）严禁用多芯或多根导线做爆破母线。不得用两根材质、规格不同的导线作爆破母线。

（11）在井下，爆破母线要放在干燥安全的地点，使用后要升井干燥、检查，并定期做电阻测定和绝缘性能测定。

【案例五】1978 年 9 月 14 日，某矿井二号井修备工区在 -45 m 水平大巷修护巷道时，采用爆破拆除塌垮的碹帽，仅用 32 m 的爆破母线，又用 2 段脚线（约为 4 m），人仅撤至不到 40 m 处，而且又未躲到安全可靠的掩体下爆破，导致爆破工当场被崩死。

1. 直接原因

井下短距离违章爆破造成人员死亡事故。

2. 间接原因

（1）未严格执行井下安全爆破距离的有关规定。

（2）未采用专用爆破母线爆破。

（3）爆破工爆破前未撤到安全地点。

3. 防范措施

（1）加强对爆破工安全知识培训，严格执行特殊工种持证上岗制度。

（2）严格执行《煤矿安全规程》井下安全爆破的有关规定。

（3）严格执行《煤矿安全规程》对爆破母线和连接线的有关规定。

（4）爆破时所有人员必须撤到支架完好、顶板完整且有可靠掩护的安全地点爆破。

二、连线的要求和方法

连线工作应严格按照爆破说明书规定的连线方式，将电雷管脚线与脚线、脚线与连接线、脚线（连接线）与爆破母线连好接通，以保证爆破质量，节约爆破作业时间，消除事故隐患。连线的要求和方法如下：

（1）连线前，必须认真检查爆破工作面的瓦斯浓度、顶板、两帮、工作面煤壁及支架情况，确认安全后方可进行连线。

（2）脚线的连接工作可由经过专门训练的班组长协助爆破工进行。爆破母线连接脚线，检查线路和通电工作，只准爆破工一人操作。与连线无关的人员都要撤离到安全地点。

（3）连线时，连线人员应先把手洗净擦干，避免手上油污沾在接头上，增加接头电阻或影响接头导通；对于结垢或锈蚀的脚线接头，要用纱布等将接头裸露处的氧化层和污垢除净，按一定顺序从一端开始向另一端进行脚线间的扭结连接。如果脚线长度不够，可用规格相同的脚线作连接线，连线接头要用对头连接，如图8-5所示。

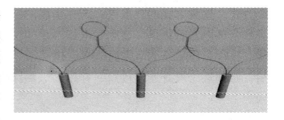

图8-5　脚线、连接线、端线间的接头

（4）脚线之间、脚线与连接线之间的接头必须扭紧牢固，不得虚接，并要悬空；不得与任何物体相接触。当炮眼内的脚线长度不够，需要接长脚线时，两根脚线接头位置必须错开，并用绝缘胶布包好，防止脚线漏电。

（5）电雷管脚线之间的连线工作完成后，应认真检查有无错连、漏连，各个接头是否独立、悬空。

（6）待爆破工作面人员全部撤离，并验明母线无电流后，再与母线连接。

（7）在煤矿井下严禁用发爆器检查母线是否导通，这样易产生火花而引爆瓦斯或煤尘。

三、连线方式

煤矿井下爆破的连线方式必须按爆破说明书的要求进行，不得随意选用其他方式。

1. 串联

串联是依次将相邻两个电雷管的脚线各一根互相连接（手拉手）起来，然后将两端剩余两根脚线与爆破母线连接，再用母线接到电源上的连接方式，如图8-6a所示。

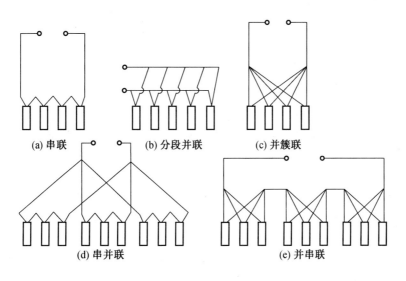

(a) 串联　　(b) 分段并联　　(c) 并簇联

(d) 串并联　　　　　(e) 并串联

图8-6　爆破网路连接方式

这种方式节省导线，操作简便，不易漏接或接错，接线速度快，便于检查，网路计算简单，网路所需总电流较小，适用于发爆器作电源，使用安全，是煤矿井下最普遍使用的连线方式。这种方式的缺点是：若在串联网路中有一个电雷管不导通或在一处接触不好，会导致全部电雷管拒爆。在起爆电能不足的情况下，由于每个电雷管对电的敏感程度总有差异，往往是较敏感的电雷管先爆，电路被切断，容易造成不敏感的电雷管拒爆。因此连接后，必须逐个检查连线接点，并用爆破网路检测仪器检查整个网路是否导通，电阻是否超限。

2. 并联

并联是将所有的电雷管的两根脚线分别接到爆破网路的两根母线上，通过母线与电源连接的方式。并联可分为分段并联（图 8－6b）和并簇联（图 8－6c）两种。这种连接方式的特点是当并联网路上某个电雷管不导通时，并不影响其余电雷管的起爆。网路的总电阻小，对起爆电源的电压要求也较小，但所需的网路总电流较大，用发爆器不易办到。用这种连接方式对爆破母线和电阻及连线接头质量要求比较严格，故应特别注意接好每个接头，并需断面较大的母线，否则在接头处容易产生火花而引爆瓦斯或煤尘。

3. 混联

混联是串联和并联的结合，可分为串并联和并串联两种。当一次起爆炮眼数目较多时，可采用串并联或并串联。串并联（图 8－6d）是先将电雷管分组，每组串联接线，然后各组剩余的两根脚线都分别接到爆破母线上，并串联（图 8－6e）在现场中很少采用。

混联接法既有串联法和并联法的优点，也有它们的缺点。采用这种方法的网路连接和计算都比较复杂，容易错接或漏接，并且每个并联分路的电阻要大致相等，分组均匀，否则电阻小的分路会因分路电流大而先爆炸，而电阻大的分路，由于分流电流小，电雷管未得到足够的起爆电能，而网路已被炸断造成雷管拒爆。

在实际工作中，应根据爆破地点的安全条件、具体爆破条件、规模和起爆电源而决定采用何种方法。

第六节　安　全　爆　破

一、安全爆破要求

爆破工在爆破前，发现有下列情况之一时，必须报告班、队长，及时处理：

（1）采掘工作面的空顶距离不符合作业规程的规定、支架有损坏或者伞檐超过规定。

（2）爆破前未检查瓦斯或爆破地点附近 20 m 以内风流中瓦斯浓度达到或超过 1%。

（3）在爆破地点 20 m 以内，矿车、未清除的煤矸或其他物体堵塞巷道断面 1/3 以上。

（4）炮眼内发现异状、有显著瓦斯涌出、煤岩松散、温度骤高骤低、透老空等情况。

（5）采掘工作面风量不足、风向不稳或风筒末端距掘进工作面的距离超过规定，循环风未处理好以前。

（6）工具未收拾好，机器、液压支架和电缆等未加以保护或未移出工作面前。

（7）在有煤尘爆炸危险的煤层中，在掘进工作面爆破前，爆破地点附近 20 m 的巷道内未洒水降尘。

（8）爆破前，靠近掘进工作面 10 m 长度内的支架未加固；掘进工作面到永久支护之间，未使用临时支架或前探支架，造成空顶作业；采煤工作面爆破与放顶工作执行平行作业不符合作业规程规定的距离。

（9）爆破母线的长度、质量和敷设质量不符合规定。

（10）工作面人员未撤离到警戒线外，或各路警戒岗哨未设置好，或人数未点清。

【案例六】1994年2月3日，某矿掘进 – 730 m 西翼入风巷，岩石平巷爆破，母线长度规定120 m，实际70 m，爆破时飞石击中爆破工头部，使其当场死亡。

1. 直接原因

短线爆破造成爆破工被飞石击中死亡。

2. 间接原因

（1）未建立健全井下安全爆破制度，爆破制度管理混乱。

（2）爆破工违章爆破，明知爆破母线长度不够仍然爆破而造成事故。

（3）未能执行"三人联锁爆破"制度。

3. 防范措施

（1）加强对爆破工的安全培训，坚决杜绝井下违章爆破作业。

（2）建立健全各项爆破规章制度，严格按照《煤矿安全规程》规定作业。

二、"一炮三检"制度

瓦斯矿井中爆破作业，爆破工、班组长、瓦斯检查员都必须在现场执行"一炮三检"制度。

"一炮三检"制度就是指在采掘工作面装药前、爆破前和爆破后，爆破工、班组长和瓦斯检查员都必须在现场，由瓦斯检查员检查瓦斯，爆破地点附近20 m 以内风流中瓦斯浓度达到1%时，不准装药、爆破；爆破后瓦斯浓度达到1%时，必须立即处理，不准用电钻打眼。

执行"一炮三检"制度是为了加强爆破前瓦斯检查，预防漏检，避免在瓦斯超限情况下违章爆破，确保安全的有力措施。

【案例七】1988年11月26日，某矿 – 98 m 水平东翼采区发生一起特大瓦斯爆炸事故，死亡23人，重伤3人。事故原因是采掘工作面采用串联通风，回风巷的局部通风机将四、六平巷涌出、积存的瓦斯送到了三切眼掘进工作面，又由于局部通风机意外停电，造成该掘进头瓦斯积聚。在这种情况下，爆破前没有检查瓦斯，未执行"一炮三检"制度，又没有使用水炮泥封孔，违章爆破，导致这起事故的发生。

1. 直接原因

工作面停风瓦斯积聚违章爆破引起瓦斯爆炸事故。

2. 间接原因

（1）工作面采用串联通风，通风管理混乱。

（2）工作面未严格执行局部通风机意外停电停风时的应急措施。

（3）爆破时炮眼未按《煤矿安全规程》规定使用水炮泥，爆破工违章爆破。

（4）爆破时未能严格执行"一炮三检"制度。

3. 防范措施

（1）加强井下通风管理，建立健全通风管理制度。

（2）建立健全井下意外停风时的应急预案。

（3）严格执行"一炮三检"制度，严格按《煤矿安全规程》要求的井下安全爆破严格规定操作，坚决杜绝违章指挥、违章作业行为。

（4）加强对爆破工的安全知识培训。

三、"三人联锁爆破"制

"三人联锁爆破"制就是指爆破工、班组长和瓦斯检查员三人必须同时自始至终参加爆破工作的全过程，并严格执行换牌制度。

执行"三人联锁爆破"制进行爆破作业的程序如下：

（1）爆破工在检查连线工作无误后，将警戒牌交给班组长。

（2）班组长接到警戒牌后，在检查顶板、支架、上下出口、风量、阻塞物、工具设备、洒水等爆破准备工作无误，达到爆破要求条件时，负责布置警戒，并组织人员撤到规定的安全地点躲避。班组长必须布置专人在警戒线和所有能进入爆破地点的通路上担任警戒工作，警戒人员必须在规定的距离和有掩护的安全地点进行警戒，警戒线处要设置警戒牌、栏杆或拉绳等标志。班组长必须清点人数，确认无误后，方准下达爆破命令，将自己携带的爆破命令牌交给瓦斯检查员。

（3）瓦斯检查员接到爆破命令牌后，在检查爆破地点附近 20 m 以内风流中瓦斯浓度在 1% 以下，煤尘符合规定要求后，将已携带的爆破牌交给爆破工。

（4）爆破工接到爆破命令牌后才允许将爆破母线与连接线进行连接，最后离开爆破地点，并必须在通风良好有掩护的安全地点进行起爆，掩护地点到爆破工作面的距离在作业规程中有具体规定。

四、安全起爆程序

（1）起爆前，爆破工必须把爆炸材料箱放到警戒线以外，做好爆破准备。

（2）爆破工在检查连线工作无误后，通知班组长布置警戒。

（3）在有煤尘爆炸危险的煤层中，在掘进工作面爆破前，爆破地点附近 20 m 的巷道内都必须洒水降尘。

（4）爆破前，必须加强对机械、液压支架和电缆等设备的保护或将其移出工作面。

（5）班组长在认真检查顶板、支架、上下出口、风量、阻塞物、工具设备、洒水等爆破准备工作无误达到爆破要求条件时，负责布置警戒，组织人员撤离到规定的安全地点躲避。开凿或延深立井井筒在井筒内装药时，除负责装药爆破的人员、信号工、看盘工和水泵司机外，其他人员必须撤到地面或上水平巷道中。爆破前，班组长必须亲自布置专人在警戒线和所有进入爆破地点的通路上担任警戒。警戒线处应设置警戒牌、栏杆或拉绳。必须指定责任心强的人员担任警戒员，一个警戒员不准同时警戒两个通路。警戒的距离要对爆破场所、使用的炸药性质、起爆药量、巷道有无拐弯、拐弯数量或角度等进行综合考虑，并要在安全措施中明确规定。

（6）班组长必须清点人数，确认无误后，瓦斯检查员对爆破地点附近 20 m 内风流中瓦斯进行检查，瓦斯浓度在 1% 以下、煤尘符合规定后，方准下达起爆命令。

（7）爆破工接到爆破命令后，才允许将爆破母线与连接线（或脚线）进行连接。母线与电雷管脚线连接后，待其他人员离开后，爆破工最后离开爆破地点，并必须在安全地点起爆。起爆地点到爆破地点的距离必须在作业规程中具体规定。爆破工、警戒人员和爆破时躲避人员都必须躲在有支架、物体等掩护体和支护、通风良好的安全地点。

（8）检查线路和爆破通电工作只能由爆破工一人操作。爆破前，爆破工应先用导通表或爆破电桥以及欧姆表检查爆破网路是否导通、电阻是否过大，若网路不通或电阻过大，必须查清原因。

（9）若网路正常，爆破工接到起爆命令后，必须先发出爆破信号，高喊数声"爆破"或鸣笛数声，至少再等5 s方可起爆。

（10）爆破时，先将短路的爆破母线解开，牢固地接在发爆器的接线柱上。使用电容式发爆器时，先将钥匙插入发爆器内，将毫秒开关转至"充电"位置，待氖灯闪亮稳定（MFB型发爆器）或红绿灯交替闪烁（MFBB型发爆器）时，再迅速将开关转至"放电"位置。当经过"放电"位置瞬间，发爆器电能输入爆破网路，从而引爆电雷管和炸药。

（11）爆破后，爆破工必须立即取下发爆器的把手或钥匙，并把爆破母线从发爆器电源上摘下，扭结成短路。

（12）装药的炮眼应当班爆破完毕。特殊情况下，当班留有尚未爆破的炮孔时，母线要从发爆器电源上摘下，扭结成短路。

爆破工、班组长和瓦斯检查员要按规定完成各自担负的任务，明确爆破作业的程序和责任，可以有效地防止爆破作业的事故。

例如：1988年1月14日11时40分，某煤矿掘进二区在 –330 m 水平东翼41运输巷道施工时，因贯通14回风巷道口没设置警戒，发生爆破崩人事故，造成死亡1人，重伤1人。

事故原因是在掘进工作面打完眼后，爆破工1人留在工作面装药、连线作爆破准备工作。贯通的14回风巷道口，距起爆地点10 m，没有设警戒。爆破前，爆破工曾经此通道口向里面看了一眼，见无人向外走，便到距爆破点48 m处开始起爆，恰在此时，有该区2名干零活的工人从通道出来，炮响后将一前一后的2名工人崩伤，其中1人经抢救无效死亡，另一名伤势较轻的幸免于难。

【案例八】1985年3月24日11时15分，某矿四区二层上段采煤工作面爆破前，副组长布置1名工人放警戒并擩煤。1名安检员顺刮板输送机从工作面回风巷下来，被警戒人拦住，说正在爆破。后来刮板输送机因故停运，安检员以为爆破完毕，于是便向下走去，警戒人员正在擩煤，没有发现。爆破将安检员当场崩成重伤，在送医院抢救途中死亡。

1. 直接原因

副组长违反《煤矿安全规程》规定，布置的警戒人员不是专人。安检员擅自离开警戒位置，进入爆破地点被崩死。

2. 间接原因

（1）爆破时未能严格执行"一炮三检"制度，班组长未安排警戒人员或安排的警戒人员责任心不强。

（2）通电前爆破工未发出爆破警示信号，在没有确认爆破地点是否有人就进行了爆破。

（3）井下未能严格执行安全爆破制度，爆破工作管理混乱。

3. 防范措施

（1）爆破时必须严格执行"一炮三检"制度，班组长要亲自安排有责任心的警戒人员担负警戒工作。

（2）爆破工在通电时要大喊三声，或发出警示信号，确认爆破地点确实没人的情况下才可通电起爆。

（3）加强爆破人员安全知识培训，严格持证上岗。建立健全爆破操作规章制度，严格执行《煤矿安全规程》有关规定。

五、采掘工作面的安全操作规定

对煤矿井下采掘工作面而言，选择什么样的起爆方式必须根据爆破工作面的安全条件、技术要求、顶板条件和发爆器能力来考虑。既要考虑爆破作业的高效，又要注意爆破作业的安全。

1. 采煤工作面的起爆要求

（1）在有瓦斯或煤尘爆炸危险的采煤工作面，应采用毫秒爆破。

（2）采煤工作面采用分次装药时，必须符合一组装药一次起爆的要求。一组装药一次起爆既符合煤矿安全要求，又能保证爆破效果。受爆破后瓦斯涌出量、顶板管理和出煤设备能力的制约，有些采煤工作面实行一组装药一次起爆有困难，可采用一次打眼，间隔分组一次装药，分组起爆的方式，如图 8 - 7 所示。分组装药的间隔距离不得小于 2 m。最后视分组情况，把间隔区间的炮眼装上药卷进行爆破。

（3）每次爆破前都必须对爆破地点附近 20 m 内风流中瓦斯浓度进行检查，瓦斯浓度在 1% 以下，煤尘符合规定后，方可爆破。

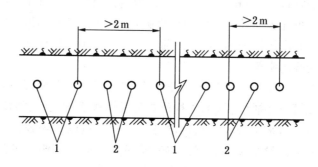

1—爆破眼；2—插炮棍眼

图 8 - 7　间隔分组爆破示意图

（4）严禁在一个采煤工作面使用 2 台发爆器同时进行爆破。

2. 掘进工作面的起爆要求

（1）在高瓦斯矿井、低瓦斯矿井的高瓦斯区域的采掘工作面采用毫秒爆破时，若采用反向起爆，必须制定安全技术措施。

（2）掘进工作面应全断面一次起爆，不能全断面一次起爆的，必须采取安全措施。

（3）实行全断面一次爆破时，要注意合理布置炮眼，起爆顺序必须按爆破说明书要求进行，不得随意变更。在有瓦斯或煤尘爆炸危险的掘进工作面，只准使用煤矿许用炸药和煤矿许用电雷管，煤矿许用毫秒延期电雷管的最后一段延期时间不得超过 130 ms。

3. 井筒工作面起爆要求

除按照掘进工作面起爆要求外，根据井筒爆破的特殊性，还应遵守下列要求：

（1）在开凿或延深立井井筒时，必须在地面或在生产水平巷道内进行爆破。对于井筒爆破，即使吊盘提升到安全高度，爆破时对人的安全仍有很大威胁。井底爆破所产生的空气冲击波和爆破产生的飞石都可能对爆破工造成很大伤害。同时爆破后产生的高浓度炮烟中一氧化碳、氮氧化物会使人中毒。所以开凿或延深立井井筒时，必须在地面或生产水平巷道内进行爆破。

（2）在爆破母线与电力起爆接线盒引线接通之前，井筒内所有电气设备必须断电。

（3）只有在爆破人员完成装药和连线工作将所有井盖门打开，井筒、井口房内的人员全部撤出，设备、工具提升到安全高度以后方可进行爆破。

4. 通电以后拒爆时的处理要求

《煤矿安全规程》规定，通电以后拒爆时，爆破工必须先取下把手或钥匙，并将爆破母线从电源上摘下，扭结成短路；再等一定时间（使用瞬发电雷管，至少等 5 min；使用延期电雷管，至少等 15 min），才可沿线路检查，找出拒爆的原因。

六、爆破后的安全注意事项

（1）巡视爆破地点。爆破后，待工作面的炮烟吹散，爆破工、瓦斯检查工和班组长必须首先巡视爆破地点，检查通风、瓦斯、煤尘、顶板、支架、拒爆、残爆等情况。检查工作应由外向里进行，如有危险情况，必须立即处理。在开凿或延深立井井筒爆破后，先通风并仔细检查井筒，清除崩落在井圈上、吊盘上或其他设备上的矸石，然后按规定的时间方可乘吊桶检查井底工作面。乘吊桶时，吊桶不得蹾撞工作面，防止散落在煤、岩中的起爆药卷、残药在吊桶的冲击和重压下发生爆炸，造成人员伤亡。

（2）撤除警戒。爆破结束后，爆破工要报告班组长，由布置警戒的班组长亲自撤回警戒人员。

（3）发布作业命令。只有在工作面的炮烟吹散，警戒人员按规定撤回，检查瓦斯不超限，影响作业安全的被崩倒、崩坏的支架已经修复的情况下，班组长才能发布人员可进入工作面正式作业命令。

（4）洒水降尘。爆破后，爆破地点附近 20 m 的巷道内都必须洒水降尘。

（5）处理拒爆。发现并处理拒爆时，必须在班组长直接指导下进行处理，并应在当班处理完毕，如果当班未能处理完毕，爆破工必须同下一班爆破工在现场交接清楚。

（6）爆破后的工作。爆破工作面无爆破故障或爆破故障已处理完毕，爆破工作已完成，爆破工应将爆破母线、发爆器等工具收拾整理好，并经班组长同意，方可离开工作面。

七、裸露爆破的危害

裸露爆破是指在岩体表面上直接贴敷炸药或再盖上泥土进行爆破的方法，又称放糊炮。裸露爆破的危害主要有以下几方面：

（1）由于裸露爆破是在煤、岩表面爆炸，爆破火焰直接暴露在井下空气中，所以容易引起瓦斯、煤尘爆炸。

（2）裸露爆破空气震动大，容易将落尘扬起，增加矿井空气中煤尘含量，既不利于工人健康，也易引起煤尘爆炸。

（3）由于裸露爆破的爆破方向和爆炸能量不易控制，所以容易崩倒和崩坏支架，造成冒顶事故，也容易崩坏附近的电气、机械设备。在顶板较破碎的情况下易造成顶板帮的浮石崩松或崩落，使离层面和围岩裂隙面扩大。

（4）爆破效果差。因为裸露爆破，只能使炸药的局部破碎功能发生作用，炸药的膨胀功能没有得到利用，炸药消耗量比用炮眼爆破多几十倍，造成炸药的很大浪费。

第七节　特殊情况下爆破

一、巷道贯通爆破

两条巷道掘进贯通时，涉及互不通视的两个工作面，极易发生事故，为了确保安全，巷道贯通爆破必须符合下列规定和要求：

（1）用爆破方法贯通井巷时，必须有准确的测量图，每班在图上填明进度。测量人员必须经常介绍中、腰线情况，打眼工和爆破工要严格按中、腰线调整方向和坡度布置炮眼。

（2）当贯通的两个工作面相距 20 m（在有冲击地压煤层中，两个掘进工作面相距 30 m）前，地测部门必须事先下达通知书，并且只准从一个工作面向前接通。停掘的工作面必须保持正常通风，经常检查风筒是否脱节，还必须经常检查工作面及其回风流中的瓦斯浓度，瓦斯浓度超限时，必须立即处理。掘进工作面每次装药爆破前，班组长必须派专人和瓦斯检查员共同到停掘工作面检查工作面及其回风流中的瓦斯浓度，瓦斯超限时，先停止掘进工作面的工作处理瓦斯。只有当两个工作面及其回风流中的瓦斯浓度都在 1%以下时，掘进工作面方可装药爆破。每次爆破前，在两个工作面内必须设置栅栏和专人警戒。间距小于 20 m 的平行巷道，其中一个巷道爆破时，两个工作面的人员都必须撤离至安全地点。

（3）贯通爆破前，要加固贯通地点支架，背好帮顶，防止崩倒支架或冒顶事故。

（4）距贯通地点 5 m 内，要在工作面中心位置打超前探眼，探眼深度要大于炮眼深度 1 倍以上，眼内不准装药，在有瓦斯的工作面，爆破前用炮泥将探眼填满。

（5）与停掘已久的巷道贯通时，应按上述规定认真执行，并在贯通前，严格检查停掘巷道的瓦斯、煤尘、积水、支架和顶板，发现问题立即处理，否则不准贯通。

（6）由班组长指派警戒人，并亲自接送。在班组长或班组长指定的专人来接以前，警戒人不得擅离岗位。

（7）两巷较近时，可采取少装药、放小炮的办法进行爆破，防止崩垮巷道。

（8）到预测贯通位置而未贯通时，应立即停止掘进，查明原因，重新采取贯通措施。

二、遇采空区爆破

由于采空区里面没有排水和通风设施，往往积存着大量的水、瓦斯和其他有害气体，爆破时如误穿采空区，往往易发生突然涌水、人员中毒和瓦斯爆炸等恶性事故。所以，在接近采空区时，必须制定安全措施，并注意以下事项：

（1）爆破地点距采空区 15 m 前，必须通过打探眼、探钻等有效措施，探明采空区的准确位置和范围，及水、火、瓦斯等情况，必须根据探明的情况采取措施，进行处理，否则不准装药或爆破。

（2）打眼时，如发现炮眼内出水异常，煤、岩松散，工作面温度骤高骤低，瓦斯大量涌出等异常情况，说明工作面已临近采空区，必须查明原因，采取有效的排水、瓦斯等措施，爆破条件具备时才可以装药爆破。

（3）揭露采空区爆破时，必须将人员撤至安全地点，并在无危险地点起爆。只有经过检查，证明无危险后，方可恢复工作。

（4）必须坚持"有疑必探，先探后掘"的规定，发现异常情况，必须查明原因，采取措施，否则不准装药爆破，以免误穿采空区，发生透水、火灾、大量涌出瓦斯以及瓦斯爆炸等事故。

【案例九】1999 年 11 月 15 日 20 时 10 分，辽宁省某矿一号井北翼平巷 +29 m 掘进工作面因爆破后崩透采空区，导致采空区中高浓度的一氧化碳气体涌出，发生一氧化碳中毒事故，死亡 8 人，伤 1 人的重大事故，直接经济损失 50 万元。

1. 直接原因

爆破后崩透采空区，导致采空区中高浓度的一氧化碳气体涌出，发生一氧化碳中毒事故。

2. 间接原因

（1）未执行"有疑必探，先探后掘"的规定。

（2）未建立井下特殊情况下的爆破措施。

3. 防范措施

（1）必须坚持"有疑必探，先探后掘"的规定，发现异常情况必须查明原因，采取措施，否则不准装药爆破。

（2）揭露采空区爆破时，必须将人员撤至安全地点，并在无危险地点起爆。只有经过检查，证明无危险后，方可恢复工作。

三、积水区爆破

由于水具有较强的流动性和渗透性，当水文地质情况和采空区位置不明或测量不准确，以及过去有小煤窑的存在，往往在爆破时误穿积水区导致大量积水涌出，造成设备冲毁、人员伤亡，甚至淹没矿井等严重事故。透水是煤矿五大灾害之一，因此在接近积水区爆破时，必须加强管理，并采取如下安全措施：

（1）在接近溶洞、含水丰富的地层（流沙层、冲积层、风化带等）、导水断层、积水的井巷和采空区，打开隔水煤（岩）柱放水等有透水危险的地点爆破时，必须坚持"有疑必探，先探后掘"的规定。

（2）接近积水区时，要根据已查明的情况进行切实可行的排放水设计，制定安全措施，否则严禁爆破。

（3）工作面或其他地点发现有透水预兆（挂红、挂汗、空气变冷、出现雾气、水叫、顶板来压、顶板淋水加大、底板鼓起或产生裂隙出现涌水、水色发浑有臭味、煤岩变松软等其他异状）时，必须停止作业，爆破工停止装药、爆破，及时汇报，采取措施，查明原因。若情况紧急，必须发出警报，立即撤出所有受水害威胁地点的人员。

（4）打眼时，如发现炮眼涌水，要立即停止钻眼，不要拔出钻杆，并马上向班组长或调度室汇报。

（5）合理选择掘进爆破方法，在探水眼严密掩护下，可采取多打眼、少装药、"放小炮"的方法，以利保持煤体的稳定性。

四、用爆破方法处理溜煤（矸）眼堵塞的规定

溜煤（矸）眼堵塞是矿井经常遇到的问题，用爆破方法崩落卡在溜煤（矸）眼中的煤、矸也属于裸露爆破。由于溜煤（矸）眼被堵塞后，往往通风不好，容易积聚瓦斯，而且煤尘也多，极易引起瓦斯、煤尘爆炸。如果确无爆破以外的方法，可爆破处理，但必须遵守下列规定：

（1）必须采用取得煤矿产品安全标志的用于溜煤（矸）眼的煤矿许用炸药；安全标准不低于该矿安全等级的煤矿许用炸药。

（2）每次爆破只准使用 1 个煤矿许用电雷管，最大装药量不得超过 450 g。

（3）爆破前必须检查溜煤（矸）眼内堵塞部位的上部和下部空间的瓦斯浓度，瓦斯浓度达到 1% 时严禁爆破。

（4）每次爆破前，必须洒水降尘。

（5）在安全受到威胁的地点必须撤人、停电。

五、挖底、刷帮、挑顶浅眼爆破时的规定

炮眼深度小于 0.6 m 不得装药、爆破；在特殊条件下，如挖底、刷帮、挑顶确需浅眼爆破时，必须制定安全措施，炮眼深度可以小于 0.6 m，但必须封满炮泥。

炮眼深度小于 0.6 m 的挖底、刷帮、挑顶确需浅眼爆破时，制定的安全措施必须符合下列要求：

（1）每孔装药量不得超过 150 g。

（2）炮眼必须封满炮泥。

（3）爆破前必须在爆破地点附近洒水降尘并检查瓦斯浓度，瓦斯浓度达到 1% 时，不准爆破。

（4）检查并加固爆破地点附近支架。

（5）采取有效措施，保护好风、水管路和电气设备及其他设施，以防崩坏。

（6）爆破时，必须布置好警戒并有班长在现场指挥。

【案例十】1989 年 11 月 19 日 16 时 20 分，某煤矿南翼采区采煤工作面因爆破引发瓦斯爆炸事故，死亡 13 人，重伤 1 人。

事故原因：

（1）采区通风不合理造成该工作面有效风量不足，不能有效稀释煤层中游离的瓦斯。

（2）采用高落式采煤法致使采煤工作面 6 m 高的采空区内易形成瓦斯积聚。

（3）爆破落煤后，采面顶部留有 1.2 m×2 m×1 m 的伞崖煤，在采取清理爆破时，由于炮眼最小抵抗线小于 0.5 m，且封泥不足，爆破时产生火焰，引燃了顶部积聚的瓦斯，

导致瓦斯爆炸事故。特殊情况下浅眼爆破时，没有制定安全措施，仍按常规爆破。

（4）爆破前没有进行瓦斯检查等安全工作。

六、井下采用反井掘凿爆破时的规定

反井施工有垛盘反井法和吊罐反井法，两种方法都是从下向上施工。

采用反井掘凿爆破时，必须遵守下列规定：

（1）运送爆破材料时，垛盘反井法必须利用人力背送；吊罐反井法利用吊罐运送，运送炸药时，必须事先与绞车司机联系；提升时必须慢速运行并应防止摔倒或绞车过卷事故的发生。

（2）由于吊罐反井法的特殊作业条件，应特别注意防止杂散电流。爆破前，切断反井井口周围的一切可能出现杂散电流的通路，如架线、铁道等，切断 50 m 以内的各种电源，机械设备都予以绝缘。如果杂散电流远小于电雷管的安全电流，则可使用普通电雷管起爆，如果杂散电流超过 0.3 A 时，则要使用特制的高压抗杂散电流雷管。此外，连线时，雷管脚线接头必须悬空，避免与岩石接触。

（3）采用反井掘进以木垛盘支护时，必须及时支护。爆破前最末一道木垛盘与工作面的距离不得超过 1.6 m。木垛盘的基墩必须牢固可靠。行人、运料眼与溜煤眼之间，必须用木板隔开。在行人眼内必须有木梯和护头板，护头板的间距最大不得超过 3 m，护头板上的矸石必须及时清理。爆破前，必须将人行眼和运料眼盖严。爆破后，首先通风，吹散炮烟之后方可进入检查，检查人员不得少于 2 人。经过检查，确认通风、信号正常、隔板、护头板、顶板、井帮等无危险情况后方可进行作业。

（4）采用吊罐法施工时，绳孔偏斜率不得超过 0.5%，绞车房与出矸水平面之间必须装设 2 套信号装置，其中 1 套必须设在吊罐内。爆破前必须摘下吊罐放置在巷道内的安全地点，将提升钢丝绳提到安全位置，爆破后必须指定专人检查提升钢丝绳和吊具，如有损坏，必须修复后方可使用。吊罐内有人作业时，严禁在吊罐下方进行工作和通行。

（5）采用反井钻机施工时，在扩孔期间，严禁人员在孔的下方停留、通行或观察。扩孔完毕必须在孔的外围设置栅栏，防止人员进入。

（6）扩井时必须有防止人员坠落的安全措施。爆破前必须拆除爆破孔底以下 0.3 m 范围内的木垛盘。

（7）溜矸眼内的矸石必须经常放出，防止卡眼，但不得放空。严禁站在溜矸眼的矸石上作业。

七、用爆破方法处理机采工作面坚硬夹矸的规定

一般情况下机采工作面（尤其是综采、综放工作面）是不允许进行爆破的，以免崩坏机电设备，炮烟也会腐蚀液压支架立柱的镀层。但机采工作面遇有坚硬的夹层时，《煤矿安全规程》规定，工作面遇有坚硬夹矸或黄铁矿结核时，应采取松动爆破处理措施，严禁用采煤机强行截割。工作面爆破时，必须有保护液压支架和其他设备的安全措施。因此，采用爆破方法处理机采煤工作面坚硬的夹矸或黄铁矿结核时，只能采取松动爆破措施处理，采取松动爆破时的具体要求如下：

（1）首先工程技术人员根据夹矸的厚度、硬度、性质等情况，制定松动爆破的炮眼

参数（包括深度、眼距、角度）及装药量、封泥长度和对设备保护措施，报矿总工程师批准后执行。

（2）爆破前必须加强对机器、液压支架和电缆等的保护或将其移出工作面，爆破区内的液压支架、电缆等用挡帘挡牢（或给液压支架立柱穿上裤套），把采煤机开出爆破地点 30 m 以外，否则不准爆破。

（3）按措施中规定的装药量装药，并填饱炮泥以达到将夹矸或黄铁矿结核震裂、破碎的要求，所规定的炮眼眼距应能使炮眼之间的夹矸发生贯穿裂缝，眼深一般是机采进度的两倍。起爆应采用瞬发电雷管一次起爆或毫秒电雷管起爆。

（4）爆破时必须严格执行"一炮三检"制度。瓦斯超限时，严禁装药、爆破。

八、机采工作面开切口时的规定

在使用单滚筒的机采工作面，必须采用爆破的方法开出切口（即机窝）。由于切口位于采煤工作面的上、下切口处顶板暴露较大，上、下两巷受回采工作面超前压力和周期来压的影响往往顶板大量下沉、破碎或离层严重，再加上机头、机尾和其他设备体积大，在移动这些设备时，又必须反复支撤支柱，结果使顶板更加破碎。因此工作面与上、下两巷衔接处维护比较困难，如果操作不当，容易发生冒顶事故。故爆破工在切口处爆破时，除严格执行正常的爆破制度与规定外，还必须注意以下事项：

（1）采煤工作面上、下两巷衔接处 20 m 范围内必须加强维护，支架和顶帮刹杆必须齐全，断梁、折腿的支架必须及时更换、加固。

（2）采煤工作面上、下切口爆破区及其相邻 5 m 范围内支柱和特殊支架必须齐全牢固，并有防倒措施，爆破前必须加固。

（3）爆破前必须加强对机器，刮板输送机的机头、机尾等设备，支柱和电缆进行保护。

（4）爆破时严格执行"一炮三检"制度，防止瓦斯超限。

（5）装药要适量，炮眼封泥要符合作业规程的规定。

九、石门揭穿突出煤层采用震动爆破时的规定

石门揭穿突出煤层时必须采取综合防治措施，按管理权限报地市级以上煤炭管理部门审批。

石门揭穿突出煤层前，当预测为突出危险工作面时，必须采取防突措施，经检验措施无效应采用补充防突措施直至有效。当预测为无突出危险工作面时，可不采取防突出措施，直接采取远距离爆破或震动爆破揭穿煤层。厚度小于 0.3 m 的突出煤层，可直接采用震动爆破或远距离爆破揭穿。

防止石门突出措施可选用抽放瓦斯、水力冲击、排放钻孔、水力冲击或金属骨架等措施。

震动爆破实质上就是掘进工作面全面一次爆破揭开煤层，在采取了安全措施后人为地利用爆破所产生的强烈震动诱导煤与瓦斯突出，以保证作业安全。

1. 相关规定

石门揭穿突出煤层采用震动爆破时，必须遵守下列规定：

（1）必须编制专门设计方案。爆破参数、爆破器材及其起爆要求、爆破地点、反向

风门位置，避灾路线及停电、撤人和警戒范围等，必须在设计方案中明确规定。

（2）震动爆破工作面必须具有独立、可靠、畅通的回风系统，爆破时回风系统内必须切断电源，严禁人员作业和通过，在其进风侧的巷道中，必须设置 2 道风门。与回风系统相连的风门、密闭、风桥等通风设施坚固可靠，防止突出后的瓦斯涌入其他区域。

（3）震动爆破必须由矿技术负责人统一指挥，并有矿山救护队在指定地点值班，爆破 30 min 后矿山救护队方可进入工作面检查。应根据检验结果，确定采取恢复送电、通风、排除瓦斯等具体措施。

（4）震动爆破必须采用铜脚线的毫秒雷管，雷管总延期时间不得超过 130 ms，严禁跳段使用。电雷管使用前必须进行导通试验。电雷管的连接必须使通过每一电雷管的电流达到其引爆电流的 2 倍。爆破母线的连接必须采用专用电缆，并尽可能减少接头，有条件的可采用遥控发爆器。

（5）应采用挡栏设施降低震动爆破诱发突出的强度。

（6）震动爆破应一次全断面揭穿或揭开煤层。如果未能一次揭穿煤层，在掘进剩余部分时（包括掘进煤层和进入底、顶板 2 m 范围内），必须按震动爆破的安全要求进行爆破作业。

（7）采取金属骨架措施揭穿煤层后，严禁拆除或回收骨架。

（8）揭穿或揭开煤层后，在石门附近 30 m 范围内掘进煤巷时，必须加强支护。

2. 注意事项

爆破工除遵守以上的规定外，还应注意以下事项：

（1）参与震动爆破的爆破工都必须学习和掌握施工技术安全措施，掌握突出预兆和避灾路线，一切行动听指挥。进入揭穿突出煤层工作面时必须佩戴隔离式自救器。

（2）严格按施工技术措施规定布置炮眼，眼深、角度、装药结构、装药方法、连线方式等必须严格按照规定进行作业。

（3）严格执行"一炮三检"制度，瓦斯达到 1% 时不准装药、爆破。

（4）装药前将工作面所有废炮眼、钻探孔、排瓦斯孔等用黄泥堵塞密实，从炮眼口算起的填塞长度要超过 1 m 以上。

（5）在掘进工作面作业时，发现有突出预兆后，不得装药爆破并立即撤出迎头到安全地点，及时向上级汇报。

（6）风筒末端距工作面不得超过 5 m，要有足够的风量；爆破前开启风水喷雾器，爆破后进行洒水降尘。

（7）震动爆破只准一次装药、全断面一次爆破，不准分次爆破。只有得到矿技术负责人的命令后，爆破工方可起爆。

（8）发现拒爆必须按《煤矿安全规程》的规定进行处理，无论是重新连线，还是距拒爆炮眼 0.3 m 外重新打平行眼装药、爆破，都必须按震动爆破的安全要求进行爆破作业。新炮眼爆炸后，爆破工要仔细检查和收集残余的爆炸材料。

3. 突出区域石门揭煤的相关规定

（1）石门揭穿一般煤层前，必须制定安全技术措施，报矿总工程师批准；石门揭穿突出煤层前，必须编制设计和采取综合防治突出措施，报集团公司总工程师组织会审。

（2）石门揭穿突出煤层的设计必须具有下列主要内容：①建立安全可靠的独立通风

系统，回风直接进入专用回风巷，并加强控制通风风流设施的管理；②突出预测方法及预测钻孔布置，控制突出煤层层位和测定煤层瓦斯压力的钻孔布置；③揭穿突出煤层的防治突出措施和效果检验；④准确确定安全岩柱厚度的措施；⑤安全防护措施可靠、有效；⑥在工作面距煤层法线距离 10 m（地质构造复杂、岩石破碎的区域 20 m）之外，至少打 2 个前探钻孔，掌握煤层赋存条件、地质构造、瓦斯情况等；⑦在工作面距煤层法线距离 5 m 之外，至少打 2 个穿透煤层全厚或见煤深度不小于 10 m 的钻孔，测定煤层瓦斯压力或预测煤层突出危险性；⑧工作面与煤层之间的岩柱尺寸应根据防治突出措施要求、岩石性质、煤层倾角等确定，工作面距煤层法线距离的最小值为：抽放或排放钻孔 3 m、金属骨架 2 m、水力冲孔 5 m、震动爆破揭穿（开）急倾斜煤层 2 m、揭开（穿）倾斜或缓倾斜煤层 1.5 m。

十、突出煤层采用松动爆破时的注意事项

松动爆破是在工作面前方向煤体深部的高压力带打几个深度较大的炮眼，装药爆破后使煤体破裂松动、消除煤质软硬不均现象并形成瓦斯排放通道，在工作面前方造成较长的低压带，使工作面前方应力集中带和瓦斯高压带移向煤体的更深部位，起到卸压和排放瓦斯的作用，故可预防瓦斯突出的发生。

1. 掘进工作面松动爆破注意事项

（1）突出煤层中平巷掘进应采用超前钻孔、松动爆破、水力冲孔、前探支架或其他经试验证实有效的防止突出的措施；采煤工作面可采用松动爆破、注水湿润煤体、超前钻孔、预抽瓦斯等预防突出措施，并应尽量采用刨煤机或浅截深滚筒式采煤机采煤。

（2）在有突出危险的煤层中掘进巷道，一般在工作面布置 3～5 个钻孔，孔径 42 mm左右，孔深 8～10 m（不得少于 8 m）；钻孔底超前工作面不得少于 5 m。

（3）装药前，要把钻孔内的煤岩粉扫净。装药时，每孔装药 3～6 kg，采用串装方式，即把药卷都绑在竹片上一次装进，既快又顺利，能掌握好装药的位置，炮泥长度不得小于 2 m。

（4）爆破后在钻孔周围形成破碎圈和松动圈内的煤分别为碎屑状和破碎状，有助于消除煤的软硬不均而引起的应力集中问题，并形成瓦斯排放通道，降低瓦斯压力，这对于防突也是有利的。为了防止延期突出，爆破后至少等待 20 min，方可进入工作面。一般在松动爆破后，工作面停止作业 4～8 h。撤人和爆破的安全距离根据突出危险程度确定，但不少于 200 m，并处于新鲜风流中。

（5）松动爆破时必须有撤人、停电、警戒、远距离爆破、反向风门等措施。

深孔松动爆破适用于煤层赋存稳定，无地质构造变化，煤质较硬，顶底板较好，突出强度较小的煤层。

2. 采煤工作面松动爆破注意事项

（1）在有突出危险煤层中的回采工作面采用松动爆破时，其炮眼可布置在煤质松软、有突出征兆的地点和分层内，炮眼与工作面垂直；沿采煤工作面每隔 2～3 m 打一个孔深小于 2 m 的炮眼。

（2）装药前，炮眼内的煤粉清理干净，每孔装药 450 g。封泥长度符合《煤矿安全规程》的规定，最小超前距离不得小于 1 m。

（3）松动爆破时必须做好停电、撤人、警戒等工作。

（4）松动爆破时，工作面停止作业，起爆距离不小于200 m，爆破20 min后方可恢复工作。

复习思考题

1. 爆破作业说明书的内容包括什么？

2. 在井下如何选择装配起爆药卷的地点？

3. 如何装配起爆药卷？

4. 为什么不能装盖药和垫药？

5. 装药量过大有什么害处？

6. 《煤矿安全规程》对封泥质量和长度有哪些要求？

7. 为什么不能用煤、纸及块状材料作炮眼封泥？

8. 井下爆破对母线和连接线有什么规定？

9. 什么是"一炮三检"制度？

10. 在什么情况下不准装药、爆破？

11. 《煤矿安全规程》对采掘工作面起爆有什么要求？

12. 爆破工爆破后应进行哪些工作？

第九章　爆破事故预防及处理

第一节　杂散电流产生的原因及预防

一、杂散电流产生的原因

任何不按指定通路而流动的电流叫杂散电流。在煤矿井下，杂散电流主要来源于直流电流的漏电，如电机车牵引网路的漏电；动力和照明交流电流在绝缘遭到破坏时的漏电；大地自然电流；雷电感应电流和磁辐射感应电流等。以风、水管路和轨道的杂散电流为最大。

电机车牵引网路引起的杂散电流和动力、照明漏电造成的杂散电流都可以通过沿井巷的导电体，如管路和轨道而流失。当杂散电流从轨道或管路进入潮湿的煤（岩）壁时，煤（岩）壁带电。有时轨道与大地之间的电位差有可能达到 $1.0 \sim 1.5$ V，当爆破网路或雷管的脚线不慎接触到巷壁、轨道及管路上时，就可能引起雷管的意外爆炸；另外，漏电电源的一相与另一漏电电源的一相经爆破母线或脚线与之接触就有可能发生意外事故，造成人员伤亡。除此以外，杂散电流流经的途径还会产生电火花，有引起瓦斯、煤尘爆炸的可能。

二、预防杂散电流的方法

（1）降低电机车牵引网路产生杂散电流的办法是采取用电线连接两轨间的接头，形成轨道电路，降低牵引网路的电阻值。

（2）确保爆破网路的质量。爆破母线不与压风、洒水等管路、轨道、钢丝绳、刮板输送机等导电体和动力、照明线路相接触；爆破母线不应与管路或电线同侧铺设，若同侧铺设时，要保持至少 0.3 m 的悬挂距离。其接头应用绝缘胶布包好，发现有破损处及时包扎。

（3）加强井下机电设备、电缆、电线的检查与维修，使之不损坏和漏电。

（4）电雷管脚线和连接线、脚线和脚线之间的接头都必须悬空，不得同任何导电体或潮湿的煤（岩）壁相接触。

（5）在爆破区采取局部或全部停电的办法来降低杂散电流强度。

（6）采用新型电雷管爆破（无起爆药雷管）。

第二节　早爆的原因及预防

一、早爆的原因

在正式通电起爆前，雷管、炸药突然爆炸最容易造成伤亡事故。煤矿爆破作业中造成炸药、雷管早爆的原因主要有以下几方面：

1. 电流方面

（1）杂散电流。如果机车牵引网路漏电，当机车启动运行时其杂散电流可高达数十安培，当电流通过管路、潮湿的煤（岩）壁导入爆破网路或雷管脚线时，就有可能发生早爆事故。此外，动力或照明交流电路漏电也可以产生杂散电流。

（2）雷管脚线或爆破母线与动力或照明交流电源一相接地，又与另一接地电源接触时，使爆破网路与外部电流相通，当其电能超过电雷管的引火冲量时，电雷管就可能发生爆炸。

（3）雷管脚线或爆破母线与漏电电缆相接触。有时爆破工在敷设爆破母线时，不按照规程规定的距离悬挂，接头、破损处未包扎好，都有可能出现这一现象。

（4）静电。接触爆炸材料的人员穿化纤衣服；爆破母线、雷管脚线碰到具有较高静电电位的塑料制品。

（5）雷电。在露天、平硐爆破作业中，有可能受到雷电的影响，由于雷击能产生约20000 A 的电流，如果直接击中爆破区域，则网路全部或部分起爆，即使雷电较远，也有可能引爆雷管。

2. 受到外界影响方面

（1）顶板落下的矸石砸到电雷管或用矸石、硬质器械猛砸炸药、起爆药卷而引起炸药、雷管爆炸；或装药时炮棍捣动用力过大，把雷管捣响。

（2）各种起爆材料和炸药都具有一定的爆轰敏感度。当一个地点进行爆破作业时，可能会引起附近另一处炮眼内的雷管爆炸。

（3）硬拽雷管脚线使桥丝与管体发生摩擦继而产生爆炸。

3. 爆破器具保管不当

（1）爆破器具没有按规定进行保管。发爆器及其把手、钥匙乱扔乱放或他人用发爆器通电起爆。

（2）发爆器受淋、受潮致使内部线路发生短路，开关失灵。

二、早爆的预防措施

（1）降低电机车牵引网路产生的杂散电流。采用电雷管起爆时，杂散电流不得超过 30 mA，大于 30 mA 时必须采用必要的安全措施。

（2）电雷管脚线、爆破母线在连线以前扭结成短路，连线后电雷管脚线和连接线、脚线与脚线之间的接头都必须悬空并用绝缘胶布包好，不得同任何导电体或潮湿的煤（岩）壁相接触。

（3）加强井下设备和电缆的检查和维修，发现问题及时处理。

（4）存放炸药、雷管和装配起爆药卷的地点安全可靠，严防煤（岩）块或硬质器件撞击雷管和炸药。

（5）发爆器及其把手、钥匙应妥善保管，严禁交给他人。

（6）对杂散电流较大的地点也可使用电磁雷管。

（7）在爆破区出现雷电时，受雷电影响的地方应停止爆破作业。

第三节　拒爆和丢炮的原因、预防及处理

一、拒爆、丢炮产生的原因

拒爆、丢炮是爆破作业中经常发生的爆破故障，且极易造成人身伤亡事故，因此分析其产生原因，可以找到正确的预防和处理方法，减少和杜绝拒爆、丢炮的发生。

1. 炸药方面

使用的炸药硬化变质、超过保质期，雷管无法引爆。有水的炮眼未使用抗水型炸药或使用非抗水型炸药而未套防水套使炸药受潮，另外雷管在水量较多的药卷内起爆也会降低雷管的爆炸威力而造成拒爆。

2. 雷管方面

（1）雷管制造质量差，桥丝折断，管体有砂眼、裂缝等。

（2）混用了不同规格、不同厂家、不同材质的雷管，或雷管在使用前未经导通、电阻测试，电阻值之差大于 0.3 Ω 或脚线生锈，使爆破网路中雷管的电阻或电引火性能相差较大，出现串联拒爆现象。

（3）雷管内炸药受潮或起爆药卷中的雷管位置不当，造成炸药拒爆。

3. 装药、装填炮泥方面

（1）未按规定进行操作，将雷管脚线捣断或绝缘皮破损，造成网路不通、短路或漏电。

（2）装药时把炸药捣实，使炸药密度过大，敏感度降低，出现钝化现象。

（3）药卷与炮眼之间存在管道效应，或药卷间有煤、岩粉阻隔。

4. 炮眼间距方面

炮眼间距不合适，特别是不同段雷管的炮眼间距在 0.45 m 左右，更容易使邻近眼内的炸药受应力波的影响而出现拒爆。

5. 爆破网路连接方面

（1）连接电雷管脚线时有错连或漏连，爆破网路裸露处相互接触造成短路。

（2）爆破网路的接头接触不良或网路有漏电现象使爆破网路电阻过大。

（3）质量、规格不同的母线或脚线混用。

（4）连好的爆破网路被煤岩砸断或被拉断，使网路断开。

6. 起爆电源方面

（1）爆破网路连接的雷管数量超过发爆器的起爆能力，使单个雷管过电量太少，造成起爆能力相对不足。

（2）发爆器发生故障，输出的电量过小、充电时间过短或输出冲量不足。

二、拒爆、丢炮的预防

（1）不领取变质炸药和不合格的雷管；不使用硬化到不能用手揉松的硝酸铵类炸药；不使用破乳或不能揉松的乳化炸药。同一爆破网路中，不使用不同厂家生产的或同一厂家生产的但不同批号的雷管；不领取、不使用未经导通、全电阻测试或管口松动的雷管。同一爆破网路内雷管的电阻和电引火特性应尽量相近。另外，也可以选用半导体桥式元件作为起爆雷管，此类雷管抗杂散电流强。

（2）向孔内装药和封泥时要小心谨慎，脚线要紧贴孔壁。按操作规程进行装药，防止把药卷压实或把雷管脚线折断、绝缘皮破损而造成网路不通、短路或漏电的现象。装药前应认真把炮眼内的煤、岩粉清理干净。

（3）网路连接时，连接接头必须扭紧接牢，尤其雷管脚线裸露处的锈蚀部分在连线时应进行处理；连线后认真检查，防止出现接触不良、错连、漏连、不小心被人拉断或煤岩砸断网路等情况；连线方式要合理，必须严格按照爆破说明书要求的方式进行连接。起爆前，用专用爆破电桥测量爆破网路的电阻，实测的总电阻值与计算值之差应小于10%。必须使用规格相同的母线或连接线。

（4）爆破网路连接的电雷管数量不得超过发爆器的起爆能力。领取发爆器时，认真检查发爆器的防爆性能和工作性能。发爆器的防爆性能和输出冲量正常方可领到井下使用。

（5）炮眼布置合理，间距不能过小；孔径与药径之间比例适当，尽量减少间隙效应。

（6）不准装盖药、垫药，不准采用不合理的装药方式。

（7）有水或潮湿的炮眼要使用抗水炸药。

三、拒爆、丢炮的处理

通电后如果出现全网路拒爆时，爆破工要立即进行下列工作：

1. 用欧姆表检测网路

（1）若表针读数小于零，说明网路有短路处，这时应依次检查网路，查到短路处并处理后重新通电起爆。

（2）若表针走动小、读数大，说明有连接不良的接头，电阻大，此时应依次检查连线接头，查出后，将其扭结牢固，重新起爆。

（3）若表针不走动，说明网路导线或电雷管桥丝有折断，此时需要改变连线方法，

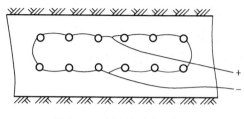

图 9-1　中间并联法示意图

如图 9-1 所示，采用中间并联法，依次逐段重新爆破，或一眼一放，查出拒爆后，按处理拒爆的规定进行处理。

2. 用导通表检测网路

（1）爆破工也可用导通表检测网路，若网路导通，则可重新爆破；若网路不导通，说明有断路，需逐段检查，查出问题重新加以处理，然后重新爆破。

（2）发现拒爆、丢炮后，应先检查工作面顶板、支架和瓦斯状况，无安全隐患后，再进行处理。

3. 处理拒爆须遵守的规定

（1）由于连线不良造成的拒爆，可重新连线起爆。

（2）在距拒爆炮眼 0.3 m 以外另打与拒爆炮眼平行的新炮眼，重新装药起爆。

（3）严禁用镐刨或从炮眼中取出原来放置的起爆药卷或从起爆药卷中拉出雷管。不论有无残余炸药、严禁将炮眼残底继续加深；严禁用打眼的方法往外掏药；严禁用压风吹拒爆（残爆）炮眼。

（4）处理拒爆的炮眼爆炸后，爆破工必须详细检查崩落的煤、矸，收集未爆的残药与雷管。

（5）在拒爆处理完毕以前，严禁在该地点进行与处理拒爆无关的工作。

【案例一】1986 年 8 月，某矿掘进二区在 2201 运输机巷掘进工作面发生一起拒爆炸药崩人事故，死亡 1 人。

1. 事故经过

8 月 24 日夜班 2201 运输机巷掘进巷进尺 1.6 m。迎头有 0.75 m 高的煤矸未出完，早班继续清理。中班接班后，组长带领 4 人先到掘进工作面清理巷道两帮，除完矸后便开始打眼，在打到第八个眼时，因掘进工作面中部不好打眼，一名工人便拿起手镐刨了一会儿，忽然发现一根 200 mm 长的红色雷管脚线，随即用手去拉但未能拉动，就对掘进工作面其他人说："下面可能有拒爆炸药。"有人说"那就放"。这时无人回答，这名工人又继续刨了两下，见矸石太硬怕刨响拒爆炸药，将镐扔下，组长见他放下镐，走过来一句话未说，拿起手镐就刨，这名工人担心组长刨响拒爆炸药，就跑到耙装机前，当其还没坐下时便听见炮响，组长当场被崩死。

2. 事故原因

违章作业，组长图省事，发现拒爆炸药直接用手镐刨。当班装的炸药没有放完，交班时现场没有交接清楚。

【案例二】1986 年 7 月 6 日 7 时 15 分，吉林某工程处矿建工区 103 队，施工英安井 -260 m 石门配风巷时，发生一起拒爆炸药爆炸事故，死亡 1 人，轻伤 2 人。

事故原因是违反操作规程，补炮时，没有细致检查拒爆炸药眼的方向就随意打眼，补炮眼未与拒爆炸药眼平行，与拒爆炸药眼呈 45°角，钎头打到了拒爆炸药上造成爆炸事故。

第四节　残爆、爆燃和缓爆的原因及预防

一、残爆、爆燃和缓爆的原因

残爆是指炮眼里的炸药引爆后，发生爆轰中断而残留一部分不爆药卷的现象。爆燃是指炮眼里的药卷未能正常起爆，没有形成爆炸而发生了快速燃烧或形成爆轰后又衰减为快速燃烧的现象。缓爆是指通电后，炸药延迟一段时间才爆炸的现象，其时间可长达几分钟至十几分钟，此类故障最容易发生伤亡事故。

1. 残爆、爆燃的原因

（1）炸药质量不好，发生硬化和变质；炸药在炮眼内受潮，引起炸药爆炸不完全。

（2）雷管受潮；串联使用不同厂家、不同批次、不同材质的雷管；雷管起爆能力不足，起爆后炸药达不到稳定爆轰，致使爆轰传递中断，产生残爆或爆燃。

（3）装药时未清除净炮眼内的煤、岩粉和积水，装药时炮眼坍塌或因操作失误造成炮眼内药卷受到阻隔或分离，炸药爆炸无法延续；装药结构不合理，装了盖药或垫药，影响爆轰波在药卷之间传爆，使盖药或垫药不能起爆，有时即使起爆，盖药常常被抛到煤、岩堆里，垫药则被留在眼底。

（4）装药时药卷被捣实，增加了炸药的密度，降低炸药的爆轰稳定性。

（5）炮眼距离过近，使雷管或炸药被爆轰波压死而产生钝化现象。

（6）在深孔小直径装药爆破中，管道效应造成药卷敏感度降低，药卷发生爆轰的直径小于爆轰临界直径，并将爆轰方向末端的药卷压死造成残爆。

2. 缓爆的原因

（1）使用变质、质量差的炸药；爆轰不稳定，传爆能力不足，威力小。

（2）雷管起爆能力不足。

（3）炸药的密度过大或过小，降低炸药的爆轰稳定性。炸药被激发后，不立即起爆而是先以较慢的爆燃方式进行，速度较慢，但在密封的炮眼里，随着分解或燃烧不断进行，热量和压力逐渐积聚、升高，炸药最后才由燃烧转为爆轰。

（4）雷管的引火装置和起爆药质量不合格，也会引起缓爆。

二、残爆、爆燃和缓爆的预防

（1）通电以后发生拒爆时，爆破工必须先取下把手或钥匙，并将爆破母线从电源上摘下，扭结成短路，再等一定时间（使用瞬发电雷管时，至少等 5 min，延期电雷管至少等 15 min），才可沿线路检查，找出拒爆的原因。

（2）禁止使用不合格的炸药、雷管。

（3）装药前清净炮眼内的杂物，装药时使炮眼内的各药卷间彼此密接。

（4）合理布置炮眼、合理装药，不装盖药和垫药。

（5）采取措施减弱或消除管道效应。如隔一定距离在药卷上套硬质隔环，也可使用对抵抗管道效应能力大的水胶炸药或乳化炸药。

（6）煤矿井下爆破尽可能使用煤矿许用 8 号雷管。起爆药卷内的雷管聚能穴和装配

位置应符合要求，并且雷管应全部插入药卷内。

（7）处理残爆的方法与处理拒爆时相同。

（8）装药时应把药卷轻轻送入，避免把炸药捣实。

第五节　放空炮的原因及预防

一、放空炮的原因

（1）充填炮眼的炮泥质量不好，如以煤块、煤（岩）粉或药卷纸等作充填材料或充填的长度不符合规定致使封泥最小抵抗线的阻力无法克服炸药爆破后的爆破力，由阻力最小处（即炮眼口）冲出，导致放空炮。

（2）炮眼间距过大，炮眼方向与最小抵抗线方向重合，两者都会使爆破力由抵抗最弱点冲出，造成眼壁和炮眼口不同程度的破坏，产生空炮。

二、放空炮的预防方法

（1）充填炮眼的炮泥质量要符合《煤矿安全规程》的规定，水炮泥水量充足，黏土炮泥软硬适度。

（2）保证炮泥的充填长度和炮眼封填质量符合《煤矿安全规程》的规定。

（3）要根据煤（岩）层的硬度、构造发育情况和施工要求进行炮眼布置；炮眼的间距、角度和深度要合理，装药量要适当。

第六节　爆破伤人及炮烟熏人事故的原因及预防

一、爆破伤人及炮烟熏人的原因

1. 爆破伤人的原因

（1）爆破母线短，躲避处选择不当，造成飞煤、飞石伤人。

（2）爆破时未执行《煤矿安全规程》中有关爆破警戒的规定，有漏警戒的通道或警戒人员责任心不强，人员误入正在爆破作业的地点。爆破未完成，擅自进入工作面检查、作业。

（3）处理拒爆、残爆未按《煤矿安全规程》规定的程序和方法操作，随意使用《煤矿安全规程》严禁使用的处理方法，致使拒爆炮眼突然爆炸崩人。

（4）通电以后出现拒爆时，等候进入工作面的时间过短或误认为是电网路故障而提前进入，造成崩人。

（5）连线前，雷管脚线没有扭结成短路，导致杂散电流等通过爆破网路或雷管，造成雷管突然爆炸而崩人。

（6）爆破作业制度不严，发爆器及其把手、钥匙乱扔乱放；爆破工作混乱，当工作面有人工作时，另有他人用发爆器通电起爆，造成崩人。

（7）一个采煤工作面使用两台及以上的发爆器分段同时进行爆破，误伤他人。

2. 炮烟熏人的原因

（1）掘进工作面停风或风量不足，风筒有破损漏风处或局部通风机的风筒口距离掘进工作面太远，无法把炮烟吹散排出。

（2）掘进工作面爆破后，炮烟尚未排除就急于进入爆破地点。

（3）炸药变质引起爆燃，使一氧化碳、氮氧化物大量增加，导致作业人员中毒的可能性增大。

（4）采煤工作面爆破时，爆破工在同风流中起爆或爆破距离过近、炮烟浓度大而又不能及时躲避。

（5）长距离单孔掘进工作面爆破后，炮烟长时间飘游在巷道中，使人慢性中毒。

（6）工作面杂物堆积影响通风或使用串联通风。

（7）未按规定使用水炮泥；封泥长度和质量达不到要求。

二、预防爆破伤人及炮烟熏人的措施

1. 预防爆破伤人的措施

（1）爆破母线要有足够的长度，躲避处要选择能避开飞石、飞煤袭击的安全地点，掩护物要有足够的强度。

（2）爆破时，安全警戒必须执行《煤矿安全规程》的规定，班组长必须亲自布置专人将工作面所有人员撤离警戒区域，并在警戒线和可能进入爆破地点的所有通路上担任警戒工作。爆破未结束任何人不能进入爆破地点；警戒人员必须在安全地点警戒；必须指定责任心强的人员担任警戒员，一个警戒员不准同时警戒两个通路；警戒位置不能距离爆破地点过近；爆破后，只有在班组长通知解除警戒后，方可到爆破地点检查爆破结果及其他情况。

（3）通电以后发生拒爆情况时，如使用瞬发雷管至少等 5 min，如使用延期电雷管至少等 15 min，方可沿线路检查，找出拒爆的原因，不能提前进入工作面，以免爆破崩人。

（4）爆破工应最后一个离开爆破地点，并按规定发出数次爆破警号，爆破前应清点人数。

（5）采取已经讲述过的措施，避免因杂散电流造成突然爆破崩人。

（6）爆破工爆破后要认真、细心地检查工作面爆破情况，防止遗留拒爆、残爆炮眼。处理拒爆、残爆时必须按《煤矿安全规程》规定的程序和方法操作。

（7）爆破工应妥善保管好炸药、雷管、发爆器及其把手、钥匙，仔细检查散落在煤、岩中的爆炸材料，以免造成意外伤人。

2. 预防炮烟熏人的措施

（1）掘进工作面停风、风量不足或局部通风机的风筒口距离掘进工作面超过规定时禁止爆破。对于爆破后出现上述情况，应采取有效措施增加掘进工作面风量，如把风筒漏风处堵上使炮烟吹散排出。

（2）掘进工作面爆破后，待炮烟吹散、吹净后作业人员方可进入爆破地点作业。

（3）不使用硬化、含水量超标、过期变质的炸药。

（4）控制一次爆破量，避免产生的炮烟量超过通风能力。

（5）采掘工作面避免串联通风，回风巷应保证有足够的通风断面，不应在巷道内长期堆积坑木、煤、矸等障碍物。

（6）装药时，要清理干净炮眼内的煤（岩）粉和水，保证炸药爆炸时的零氧平衡。

（7）爆破时，除警戒人员以外，其他人员都要在进风巷道内躲避等候；单孔掘进巷道内所有人员要远离爆破地点，同时风量要充足。

（8）作业人员通过较高浓度的炮烟区时，要用潮湿的毛巾捂住口鼻，并迅速通过。

（9）爆破前后，爆破地点附近应充分洒水，以利吸收部分有害气体和煤（岩）粉。如果条件允许也可洒一定浓度的碱性溶液如石灰水等，可以更好地减少炮烟。

（10）炮眼封孔时应使用水炮泥，封泥的质量和长度符合作业规程规定以抑制有害气体的生成。

第七节　爆破崩倒支架及造成冒顶事故的原因及预防

一、爆破崩倒支架及造成冒顶事故的原因

1. 爆破崩倒支架事故的原因

（1）支架（柱）架设质量不好。如采煤工作面支架（柱）的迎山不够、楔子打得不紧或棚顶有空，没有接到实茬只打在浮煤（矸）上。掘进工作面支架帮顶不实，柱脚浅没上拉条、木楔，爆破时支架被崩倒。

（2）炮眼排列方式与煤层硬度、采高不适应，有大块煤崩出造成支架被崩倒。

（3）爆破参数、炮眼角度不合理，炮眼浅、装药量过多，封泥质量差、封孔长度不够，爆破时冲击力过大而崩倒支架（柱）。

2. 爆破造成冒顶事故的原因

（1）工作面顶眼距顶板距离太小或打入顶板内，爆破时造成冒顶。

（2）采掘工作面遇到地质构造带，顶板破碎、松软、裂隙发育时，未采取少装药放小炮的方法，而仍按正常的装药量、炮眼数量、炮眼深度等爆破参数进行爆破。

（3）一次爆破的炸药量或顶眼装药量过大，对顶板、支架冲击强烈。

（4）工作面空顶面积大，支护不全、不牢，崩倒的支架（柱）未及时扶起；工作面空顶时，照样装药爆破。

（5）全部陷落法采煤工作面基本顶未垮落，煤帮顶板出现大的裂缝，直接顶爆破时，撤打放顶支柱时间、顺序和距离不合理，也能引发冒顶。

二、爆破崩倒支架及造成冒顶事故的预防

1. 爆破崩倒支架事故的预防

（1）爆破前必须检查支架并对爆破地点附近 10 m 内的支护进行加固。掘进工作面的顶板、煤帮要插严背实并打上拉条、撑木，采用必要的加固；采煤工作面支架除加强刹顶外，要用紧楔和打撑木的办法进行必要的加固。

（2）掘进工作面要选择合理的掏槽方式、炮眼布置、炮眼角度、炮眼个数等参数。打眼应靠近支架开眼，使眼底正处于两支架的中间。

（3）采煤工作面要留有足够宽的炮道，掘进工作面要有足够的掏槽深度。

（4）严格按作业规程规定的装药量进行装药，避免出现装药量过大现象。

2. 爆破造成冒顶事故的预防

（1）采掘工作面遇到顶板破碎、松软、裂隙发育等情况时，应采用少装药、放小炮或直接挖过去的办法，减少对顶板的震动或损坏。

（2）顶眼眼底要离开顶板 0.2~0.3 m 的距离；顶眼装药量要按照爆破说明的要求装填。防止爆破对顶板的强烈冲击造成冒顶。

（3）一次爆破的炮眼数和装药量要控制在作业规程范围以内。炮眼布置的角度、位置合理。

（4）爆破前，要对爆破地点及其附近的支护进行加固，防止崩倒支架；崩倒的支架应及时扶起；空顶时严禁装药爆破。

复习思考题

1. 简述杂散电流产生的原因、危害及预防措施。

2. 简述早爆的原因及预防。

3. 简述拒爆和丢炮的原因、预防和处理方法。

4. 简述残爆、爆燃和缓爆的原因及预防措施。

5. 简述放空炮的原因及预防措施。

6. 简述爆破伤人事故的原因及预防措施。

7. 简述爆破崩倒支架及造成冒顶事故的预防措施。

第十章　实际操作技能训练

知识要点

☆ 炮眼质量检查

☆ 发爆器及检测仪器的使用

☆ 起爆药卷的制作

☆ 爆破操作程序

☆ 自救器的训练

☆ 互救、创伤急救的训练

训练一　炮眼质量检查

一、操作内容

（1）炮眼内是否发现有异状、显著瓦斯涌出、煤岩松散、温度骤高骤低、透老空等情况。

（2）炮眼内煤（岩）粉是否清除干净。

（3）炮眼深度与最小抵抗线是否符合《煤矿安全规程》规定。

（4）炮眼是否缩小、坍塌或有裂缝。

二、操作方法

（1）用掏勺或压缩空气吹眼器清除炮眼内的煤（岩）粉和积水。

（2）用炮棍检查炮眼的深度、角度、方向和炮眼内部情况。

三、操作时注意事项

使用吹眼器时，应避免炮眼内飞出的岩粉（块）等杂物伤人。

四、操作要求

学员在教师指导下，应全面正确掌握检查方法。

训练二　发爆器及检测仪器的使用

一、操作内容

（1）检查发爆器的外壳是否有裂缝，固定螺丝是否拧紧，接线柱、防尘小盖等部件是否完整，毫秒开关是否灵活。

（2）检查发爆器的输出电能，并要对氖气灯泡作一次试验检查，如氖气灯泡在少于发爆器规定的充电时间内（一般在12 s以内）闪亮，表明发爆器正常。

（3）爆破网路作全电阻检查，发现网路中的错联、漏联、短路、接地等现象，确定起爆网路需要的电流、电压。

二、操作方法

（1）爆破母线与发爆器连接前，应先检查氖气灯泡在规定时间内是否发亮，若在规定时间内发亮证明发爆能力正常。

（2）电容式发爆器检查时用新电池作电源，测量输出电流和主电容器充电电压及充电时间。

三、注意事项

禁止用短路法检查发爆器。

四、操作要求

学员在教师指导下应正确、熟练掌握操作方法。

训练三　起爆药卷的制作

一、操作内容

（1）应将成束的电雷管顺好，将雷管脚线前端缠在手指上拉出电雷管，抽出单个电雷管后，必须将其脚线扭结成短路。

（2）电雷管必须由药卷的顶部装入，用竹、木棍扎眼。电雷管必须全部插入药卷内。电雷管插入药卷后，必须用脚线将药卷缠住，并将电雷管脚线末端扭结成短路。

二、操作时注意事项

（1）必须在顶板完好、支架完整、避开电气设备和导体的地点完成。

（2）抽取单个电雷管时，不得手拉脚线硬拽管体，也不得手拉管体硬拽脚线。

（3）装配起爆药卷数量，以当时当地需要的数量为限。

三、操作要求

学员在教师指导下应正确、熟练掌握操作方法。

训练四　爆破操作程序

一、装药方法

（1）装药时要一只手抓住电雷管的脚线，另一只手用木质或竹质炮棍将放在眼口处的药卷轻轻推入炮眼底，使炮眼内的各药卷间彼此密接。推入时用力要均匀。

（2）装药后必须将电雷管的脚线扭结成短路并悬空，严禁与运输设备、电气设备以及采掘设备等导电体相接触。

（3）不得装盖药和垫药。

（4）毫秒雷管的段号不得装错。

二、装填炮泥

（1）装填炮泥时，要一只手抓住电雷管的脚线，使脚线紧贴炮眼侧壁，另一只手装填炮泥，慢慢用力轻捣压实，以后各段依次用力一一捣实。

（2）炮眼封泥用水炮泥，水炮泥外剩余的炮眼部分应用黏土炮泥或不燃性的、可缩性松散材料制成的炮泥封实。装填水炮泥不要用力过大，以防压破。

（3）炮眼深度和炮眼的封泥长度必须符合下列要求：①炮眼深度小于 0.6 m 时，不得装药、爆破。在特殊条件下，如挖底、刷帮、挑顶确须浅眼爆破时，必须制定安全措施，炮眼深度可以小于 0.6 m，但封泥长度不得小于炮眼深度的 1/2。②炮眼深度为 0.6 ~ 1.0 m 时，封泥长度不得小于炮眼深度的 1/2。③炮眼深度超过 1.0 m 时，封泥长度不得小于 0.5 m。④炮眼深度超过 2.5 m 时，封泥长度不得小于 1.0 m。⑤光面爆破时，周边光爆炮眼应用炮泥封实，且封泥长度不得小于 0.3 m。⑥工作面有 2 个或 2 个以上自由面时，在煤层中最小抵抗线不得小于 0.5 m，在岩层中最小抵抗线不得小于 0.3 m，浅眼装药爆破大岩块时，最小抵抗线和封泥长度都不得小于 0.3 m。

三、连线

（1）与连线无关的人员应撤离爆破地点。

（2）连线人员应将手洗干净，脚线接头擦净再进行操作。

（3）如果脚线长度不够可用同规格相同的脚线连接。

（4）脚线连接方法要对头连接，不要顺向连接。

（5）电雷管脚线与连接线、脚线与脚线之间的接头都必须悬空，不得与任何物体接触。

四、爆破母线

（1）爆破母线与电缆、电线、信号线应分别挂在巷道的两侧。如果必须挂在同一侧，爆破母线必须挂在电缆的下方，并应保持 0.3 m 以上的距离。

（2）只准采用绝缘母线单回路爆破，严禁用轨道、金属管、金属网、水或大地等当作回路。

（3）爆破前，爆破母线必须扭结成短路。

五、爆破网路检查

每次爆破作业前，爆破工必须做爆破网路全电阻检查，严禁用发爆器打火放电检测爆破网路是否导通。用具有电阻值功能的发爆器或欧姆表进行爆破网路全电阻检查时，其操作方法如下：

(1) 将待测爆破网路导线端头接在接线柱上，指针摆动则说明电路是通的；当电阻值很大甚至是无穷大时，说明网路断路或不通；当电阻值很小甚至趋近于零时，说明脚线短路。

(2) 读出表上的读数，并与设计时的计算值相比较以判断网路连接质量是否合乎要求。

(3) 发现断路或短路及电阻值超过允许范围时应立即找出原因，排除故障。

(4) 检测不合格的网路，在未消除故障前禁止起爆。

(5) 整个爆破网路经过导通检测合格后，才准将母线与发爆器电源开关连接。

六、爆破作业

(1) 爆破前所有工作准备就序后，爆破工亲自向班组长汇报："爆破准备工作完毕，请指示"。严格执行"三人联锁爆破"制度。

(2) 班组长接到爆破工汇报后，必须亲自布置专人在警戒线和可能进入爆破地点的所有通路上担任警戒工作。

(3) 爆破工必须最后离开爆破地点并在安全地点起爆。

(4) 发爆器的把手、钥匙或电力起爆接线盒的钥匙必须由爆破工随身携带，严禁转交他人。不到通电时，不得将把手或钥匙插入发爆器或电力起爆接线盒内。

(5) 爆破前，爆破地点必须检查瓦斯，只有爆破地点附近 20 m 以内瓦斯浓度低于 1% 时方可爆破。

(6) 爆破前，班组长必须清点人数，确认无误后方准下达起爆命令。

(7) 爆破工接到起爆命令后，必须先发出爆破警号（大喊三声"爆破啦！"），然后至少再等 5 s 方可通电起爆。

(8) 通电以后拒爆时，爆破工必须先取下把手或钥匙，并将爆破母线从电源上摘下，扭结成短路，再等一定时间（使用瞬发电雷管时，至少等 5 min；使用延期电雷管时，至少等 15 min）。

(9) 装药的炮眼应当在当班爆破完毕。

七、爆破后工作

(1) 爆破后必须立即将把手或钥匙拔出，摘掉母线并扭结成短路。

(2) 只有待工作面的炮烟被吹散，爆破工、瓦斯检查工和班组长必须首先巡视爆破地点，检查通风、瓦斯、煤尘、顶板、支架、拒爆、残爆等情况。

(3) 爆破工将爆破母线、发爆器、爆破欧姆表等收整好。

(4) 清点剩余电雷管、炸药，当班交回发放地点。

八、注意事项

(1) 不得使用过期或严重变质的爆炸材料。

（2）使用煤矿许用电雷管时，最后一段的延期时间不得超过 130 ms。

（3）不同厂家或不同品种的电雷管不得掺混使用。

（4）必须使用经全电阻检查合格的电雷管，严禁使用不通电和电阻不合格的电雷管。

九、操作要求

（1）学员在教师指导下应全面正确掌握操作方法。

（2）考核时，学员应独立操作完成考核项。

训练五　自救器的训练

图 10 - 1　步骤一

一、操作步骤

压缩氧自救器佩戴使用方法如图 10 - 1 ～图 10 - 7 所示。

图 10 - 1：携带自救器，应斜挎在肩膀上。

图 10 - 2：使用时，先打开外壳封口带和扳手。

图 10 - 3：按图方向，先打开上盖，然后，左手抓住自救器下部，右手用力向上提起上盖，自救器开关即自动打开，最后将主机从下壳中取出。

图 10 - 4：摘下矿工帽，挎上背带。

图 10 - 5：拔出口具塞，将口具放入口内，牙齿咬住牙垫。

图 10 - 6：用鼻夹夹住鼻孔，开始用口呼吸。

图 10 - 7：在呼吸的同时按动手动补给按钮，大约 1 ～ 2 s，快要充满氧气袋时，立即停止（使用过程中如发现氧气袋空瘪，供气不足时也要按上述方法重新按动手动补给按钮）。

图 10 - 2　步骤二

图 10 - 3　步骤三

图 10 - 4　步骤四

图 10 - 5　步骤五

图 10 - 6　步骤六

图 10 - 7　步骤七

最后，佩戴完毕，可以撤离灾区逃生。

二、注意事项

（1）凡装备压缩氧自救器的矿井，使用人员都必须经过训练，每年不得少于 1 次。使佩戴者掌握和适应该类自救器的性能和特点，脱险时，表现得情绪镇静，呼吸自由，行动敏捷。

（2）压缩氧自救器在井下设置的存放点，应以事故发生时井下人员能以最短的时间取到为原则。

（3）携带过程中不要无故开启自救器扳手，防止事故时无氧供给。

（4）自救器装有 20 MPa 的高压氧气瓶，携带过程中要防止撞击、磕碰或当坐垫使用。

（5）佩戴使用时要随时观察压力指示计，以掌握氧气消耗情况。

（6）佩戴使用时要保持沉着，呼吸均匀。同时，在使用中吸入气体的温度略有上升是正常的不必紧张。

（7）使用中应特别注意防止利器刺破和刮破氧气袋。

（8）该自救器不能代替工作型呼吸器使用。

训练六　人工呼吸操作训练

（1）病人取仰卧位，即胸腹朝天。

（2）首先清理患者呼吸道，保持呼吸道清洁。

（3）使患者头部尽量后仰，以保持呼吸道畅通。

（4）救护人员对着伤员人工呼吸时，吸气、呼气要按要求进行。

训练七　心脏复苏操作训练

（1）叩击心前区，左手掌覆于病员心前区，右手握拳捶击左手背数次。

（2）胸外心脏按压，病员仰卧硬板床或地上，头部略低，足部略高，以左手掌置于病员胸骨下半段，以右手掌压于左手掌背面。

训练八　创伤急救操作训练

一、止血操作训练

（1）用比较干净的毛巾、手帕、撕下的工作服布块等，即能顺手取得的东西进行加压包扎止血。

（2）可用手压近伤口止血，即用手指把伤口以上的动脉压在下面的骨头上，以达到止血的目的。

（3）利用关节的极度屈曲，压迫血管达到止血的目的。

（4）四肢较大动脉血管破裂出血，需迅速进行止血。可用止血带、胶皮管等止血。

二、骨折固定操作训练

（1）上臂骨折固定时，若无夹板固定，可用三角巾先将伤肢固定于胸廓，然后用三角巾将伤肢悬吊于胸前。

（2）前臂骨折固定时，若无夹板固定，则先用三角巾将伤肢悬吊于胸前，然后用三角巾将伤肢固定于胸廓。

（3）健肢固定法时，用绷带或三角巾将双下肢绑在一起，在膝关节、踝关节及两腿之间的空隙处加棉垫。

（4）躯干固定法时，用长夹板从脚跟至腋下，短夹板从脚跟至大腿根部，分别置于患腿的外、内侧，用绷带或三角巾捆绑固定。

（5）小腿骨折固定时，亦可用三角巾将患肢固定于健肢。

（6）脊柱骨折固定时，将伤员仰卧于木板上，用绷带将脖、胸、腹、髂及脚踝部等固定于木板上。

三、包扎操作训练

（1）无专业包扎材料时，可用毛巾、手绢、布单、衣物等替代。

（2）迅速暴露伤口并检查，采用急救措施。

（3）要清除伤口周围油污，用碘酒、酒精消毒皮肤等。

（4）包扎材料没有时应尽量用相对干净的材料覆盖，如清洁毛巾、衣服、布类等。

（5）包扎不能过紧或过松。

（6）包扎打结或用别针固定的位置，应在肢体外侧面或前面。

四、伤员搬运操作训练

（1）呼吸、心跳骤然停止及休克昏迷的伤员应及时心脏复苏后搬运。

（2）对昏迷或有窒息症状的伤员，要把肩部稍垫高，头后仰，面部偏向一侧或侧卧，注意确保呼吸道畅通。

（3）一般伤者均应在止血，固定包扎等初级救护后再搬运。

（4）对脊柱损伤的伤员，要严禁让其坐起、站立或行走。也不能用一人抬头，一人抱腿，或人背的方法搬运。

考 试 题 库

第一部分 基 本 知 识

一、单选题

1. 特种作业人员必须取得（　　）才允许上岗操作。

A. 技术资格证书　　　　B. 操作资格证书　　　　C. 安全资格证书

2. 矿山企业主管人员违章指挥、强令工人冒险作业，因而发生重大伤亡事故的；对矿山事故隐患不及时采取措施，因而发生重大伤亡事故的，依照刑法规定追究（　　）。

A. 刑事责任　　　　　　B. 行政责任　　　　　　C. 民事责任

3. 职工由于不服从管理违反规章制度，或者强令工人违章冒险作业，因而发生重大伤亡事故，造成严重后果的行为是（　　）。

A. 玩忽职守罪　　　　　　　　　　B. 过失犯罪

C. 重大责任事故罪　　　　　　　　D. 渎职罪

4. 尘肺病中的矽肺病是由于长期吸入过量（　　）造成的。

A. 煤尘　　　　　　　　B. 煤岩尘　　　　　　　C. 岩尘

5. 矽尘指游离二氧化硅含量超过（　　）的无机性粉尘。

A. 5%　　　　　　B. 10%　　　　　　C. 15%　　　　　　D. 18%

6. 一氧化碳是无色无味无臭的气体，比空气轻，易燃易爆，爆炸浓度界限为（　　）。

A. 5% ~12.8%　　　　　　　　　　B. 10% ~48.7%

C. 12.5% ~74%　　　　　　　　　　D. 15% ~86.6%

7. 利用仰卧压胸人工呼吸法抢救伤员时，要求每分钟压胸的次数是（　　）。

A. 8 ~12 次　　　　　B. 16 ~20 次　　　　　C. 30 ~36 次

8. 对触电后停止呼吸的人员，应立即采用（　　）进行抢救。

A. 人工呼吸法　　　　B. 清洗法　　　　　　C. 心脏按压法

9. 戴上自救器后，如果吸气时感到干燥且不舒服，（　　）。

A. 脱掉口具吸口气　　B. 摘掉鼻夹吸气　　　C. 不可从事 A 项或 B 项

10. 过滤式自救器主要用于井下发生火灾或瓦斯、煤尘爆炸时，防止（　　）中毒的呼吸装置。

A. H_2S　　　　　　B. CO_2　　　　　　C. CO

11. 利用仰卧压胸人工呼吸法抢救伤员时，要求每分钟压胸的次数是（　　）。

A. 8 ~12 次　　　　　B. 16 ~20 次　　　　　C. 30 ~36 次

12. 在井下有出血伤员时，应（　　）。

A. 先止血再送往医院　　B. 立即送往井上医院　　C. 立即报告矿调度室

13. （　　）是现场急救最简捷、有效的临时止血措施。

A. 加压包扎止血法　　　　　　　　　　　B. 手压止血法

C. 绷紧止血法　　　　　　　　　　　　　D. 止血带止血法

14. 对重伤者一定要用（　　）进行搬运。

A. 单人徒手搬运法　　　　　　　　　　　B. 抱持法

C. 双人徒手搬运法　　　　　　　　　　　D. 担架搬运法

15. 低压配电点或装有（　　）台以上电气设备的地点应装设局部接地极。

A. 2　　　　　　　　　B. 3　　　　　　　　　C. 4

16. 我国规定通过人体的极限安全电流为（　　）。

A. 20 mA　　　　　　　B. 30 mA　　　　　　　C. 40 mA

二、多选题

1. 井下空气中的有害气体包括（　　）。

A. 瓦斯　　　　　　　B. 一氧化碳　　　　　C. 氮氧化合物　　　　D. 二氧化碳

E. 硫化氢　　　　　　F. 氢气　　　　　　　G. 氨气　　　　　　　H. 氧气

2. 发生冒顶事故时，正确的做法是（　　）。

A. 迅速撤退到安全地点

B. 来不及撤退时，靠煤帮贴身站立或到木垛处避灾

C. 立即发出呼救信号

D. 被煤矸等埋压无法脱险时，猛烈挣扎

3. 瓦斯、煤尘爆炸前，当听到或感觉到爆炸声响和空气冲击波时，应迅速卧倒，卧倒时（　　）。

A. 背朝声响和气浪传来的方向　　　　　　B. 面朝声响和气浪传来的方

C. 脸朝下　　　　　　　　　　　　　　　D. 双手置于身体下面

E. 闭上眼睛

4. 矿井外因火灾事故多因（　　）等原因造成。

A. 放糊炮　　　　　　　　　　　　　　　B. 电焊、气焊

C. 井下吸烟　　　　　　　　　　　　　　D. 煤炭自燃

5. 发生突水事故后，在唯一出口被堵无法撤离时，应（　　）。

A. 沉着冷静，就地避险救灾　　　　　　　B. 等待救护人员营救

C. 潜水脱险

6. 预防煤尘爆炸的降尘措施有（　　）。

A. 煤层注水　　　　B. 用水炮泥封堵炮眼　　C. 采用湿式打眼　　　D. 喷雾洒水

E. 清扫积尘

7. 上止血带时应注意（　　）。

A. 松紧合适，以远端不出血为止　　　　　B. 应先加垫

C. 位置适当　　　　　　　　　　　　　　D. 每隔 40 min 左右，放松 2~3 min

8. 心跳呼吸停止后的症状有（　　）。

A. 瞳孔固定散大　　　　　　　　　　　　B. 心音消失，脉搏消失

C. 脸色发绀　　　　　　　　　　　　　　D. 神志丧失

9. 按包扎材料分类，包扎方法可分为（　　　）。

A. 毛巾包扎法　　　　　　　　　　　　B. 腹部包扎法

C. 三角巾包扎法　　　　　　　　　　　D. 绷带包扎法

10. 做口对口人工呼吸前，应（　　　）。

A. 将伤员放在空气流通的地方　　　　　B. 解松伤员的衣扣、裤带、裸露前胸

C. 将伤员的头侧过　　　　　　　　　　D. 清除伤员呼吸道内的异物

11. 拨打急救电话时，应说清（　　　）。

A. 受伤人数　　　　　　　　　　　　　B. 患者伤情

C. 地点　　　　　　　　　　　　　　　D. 患者姓名

12. 下列选项中，属于防触电措施的是（　　　）。

A. 设置漏电保护　　　　　　　　　　　B. 装设保护接地

C. 采用较低的电压等级供电　　　　　　D. 电气设备采用闭锁机构

13. 局部通风机供电系统中的"三专"是指（　　　）。

A. 专用开关　　　　　　　　　　　　　B. 专用保护

C. 专业线路　　　　　　　　　　　　　D. 专用变压器

14. 井下供电应做到"三无""四有""两齐""三坚持"，其中"两齐"是指（　　　）。

A. 供电手续齐全　　　　　　　　　　　B. 设备硐室清洁整齐

C. 绝缘用具齐全　　　　　　　　　　　D. 电缆悬挂整齐

三、判断题

1. 从业人员有权拒绝违章指挥和强令冒险作业。（　　）

2. 保证"安全第一"方针的具体落实，是严格执行《煤矿安全规程》规定。（　　）

3. 佩戴自救器脱险时，在未到达安全地点时，严禁取下鼻夹和口具。（　　）

4. 隔离式自救器在使用中外壳体会发热，当感到呼吸温度高时，可取下鼻夹和口具。

（　　）

5. 在煤矿井下发生瓦斯与煤尘爆炸事故后，避灾人员在撤离灾区佩戴的自救器可根据需要随时取下。（　　）

6. 对于呼吸、心跳骤停的病人，应立即送往医院。（　　）

7. 四肢骨折的病人，在固定时，一定要将趾（指）末端露出。（　　）

8. 怀疑有胸、腰、椎骨折的病人，在搬运时，可以采用一人抬头、一人抬腿的方法。

（　　）

9. 对被埋压的人员，挖出后应首先清理呼吸道。（　　）

10. 煤矿井下出现重伤事故时，在场人员应立即将伤员送出地面。（　　）

11. 矿井钢丝绳锈蚀分为 4 个等级。（　　）

12. 滚筒驱动的带式输送机可以不使用阻燃输送带。（　　）

13. 检漏继电器应灵敏可靠，严禁甩掉不用。（　　）

14. 电击是指电流流过人体内部，造成人体内部器官损害和破坏，甚至导致人死亡。

（　　）

15. 人员上下井时，必须遵守乘罐制度，听从把钩工指挥。　　　　（　　）

16. 防爆性能遭受破坏的电气设备，在保证安全的前提下，可以继续使用。（　　）

17. 在煤矿井下 36 V 及以上的电气设备必须设保护接地。　　　　（　　）

18. 井下机电设备硐室入口处必须悬挂"非工作人员禁止入内"字样的警示牌。
　　　　　　　　　　　　　　　　　　　　　　　　　　　　　　　（　　）

19. 国家对从事煤矿井下作业的职工采取了特殊的保护措施。　　　（　　）

20. 矽肺病是一种进行性疾病，患病后即使调离矽尘作业环境，病情仍会继续发展。
　　　　　　　　　　　　　　　　　　　　　　　　　　　　　　　（　　）

21. 空气中矿尘浓度大，人吸入的矿尘越多，尘肺病发病率就越高。　（　　）

第二部分　专　业　知　识

一、单选题

1. 掏槽眼的深度要比其他炮眼深（　　）。
　　A. 100 ~ 150 mm　　　　B. 150 ~ 200 mm　　　　C. 300 ~ 400 mm

2. 光面爆破时，应尽可能减少周边眼间的起爆时差，相邻光面炮眼的起爆间隔时间不应大于（　　）。
　　A. 200 ms　　　　　　B. 150 ms　　　　　　C. 100 ms

3. 在实施光面爆破时，周边眼起爆间隔时间（　　），井巷壁面平整的效果就越有保证。
　　A. 越长　　　　　　　B. 较长　　　　　　　C. 越短

4. 高瓦斯矿井、低瓦斯矿井的高瓦斯区域，必须使用安全等级不低于（　　）的煤矿许用炸药。
　　A. 一级　　　　　　B. 二级　　　　　　C. 三级　　　　　　D. 四级

5. 炮眼深度超过 1 m 时，封泥长度不得小于（　　）。
　　A. 0. 3 m　　　　　　B. 0. 4 m　　　　　　C. 0. 5 m

6. 光面爆破时，周边光爆眼应用炮泥封实，且封泥长度不得小于（　　）。
　　A. 0. 2 m　　　　　　B. 0. 25 m　　　　　　C. 0. 3 m

7. 多头巷道掘进时，爆破母线应（　　），以免误接爆破母线。
　　A. 固定使用　　　　　B. 一线多用　　　　　C. 随挂随用

8. 岩石乳化炸药适用于（　　）瓦斯煤尘爆炸危险的岩石工作面和深孔爆破等。
　　A. 有　　　　　　　　B. 无　　　　　　　　C. 各类

9. 当溜煤眼和煤仓堵塞时，可用（　　）进行爆破处理。
　　A. 铵梯炸药　　　　　B. 岩石乳化炸药　　　　C. 煤矿许用刚性被筒炸药

10. 铵梯炸药是以硝酸铵为氧化剂，梯恩梯为敏化剂，木粉为可燃剂和松散剂组成的爆炸性物质，其中梯恩梯为（　　）物质。
　　A. 有毒性　　　　　　B. 无毒性　　　　　　C. 非爆炸性

11. 炮眼深度小于（　　）时，不得装药、爆破。
　　A. 0. 4 m　　　　　　B. 0. 5 m　　　　　　C. 0. 6 m　　　　　　D. 0. 8 m

12. 采掘工作面有两个或两个以上自由面时，在煤层中最小抵抗线不得小于（ ）。

A. 0. 2 m   B. 0. 3 m   C. 0. 4 m   D. 0. 5 m

13. 巷道掘进时，爆破母线与电缆、电线、信号线应分别挂在巷道的两侧，如果必须挂在同一侧，爆破母线必须挂在电缆的下方，并应保持（ ）以上的距离。

A. 0. 2 m   B. 0. 3 m   C. 0. 4 m   D. 0. 5 m

14. 井下两巷道贯通时，在两工作面相距（ ）前，地测部门必须事先下达通知书，编制专门爆破说明书，并只准从一个工作面向另一个工作面贯通。

A. 10 m   B. 15 m   C. 20 m   D. 30 m

15. 间距小于（ ）的平行巷道，其中一个巷道爆破时，两个工作面的人员都必须撤至安全地点。

A. 5 m   B. 10 m   C. 15 m   D. 20 m

16. 爆破地点距采空区（ ）前，必须通过打探眼等有效措施，探明采区的准确位置、范围以及赋存瓦斯、积水、发水等情况。

A. 5 m   B. 10 m   C. 15 m   D. 20 m

17. 爆破法处理卡在熘煤（矸）眼中的煤、矸时，最大装药量不得超过（ ）。

A. 150 g   B. 300 g   C. 450 g   D. 600 g

18. 石门揭煤采用远距离爆破时，必须编制包括爆破地点、避灾路线及停电、撤人和警戒范围等的专门措施，报（ ）批准。

A. 矿长   B. 主管工程师   C. 区长   D. 矿总工程师

19. 一个采煤工作面爆破作业时，严禁采用（ ）发爆器同时进行爆破。

A. 1 台   B. 2 台   C. 3 台   D. 多台

20. 当爆破网路通电以后发生拒爆时，爆破工必须先取下把手或钥匙，并将爆破母线从电源上摘下，扭结成短路，使用瞬发电雷管时，至少等（ ），才可沿线路检查，找出拒爆的原因。

A. 5 min   B. 10 min   C. 15 min   D. 20 min

21. 处理拒爆时，要在距拒爆炮眼至少（ ）处另打与拒爆炮眼平行的新炮眼，重新装药起爆。

A. 0. 2 m   B. 0. 3 m   C. 0. 4 m   D. 0. 5 m

22. 装配引药时，电雷管必须由药卷的（ ）装入。

A. 顶部   B. 聚能穴一端   C. 一侧   D. 任意位置

23. 由爆炸材料库直接向工作地点用人力运送爆炸材料时，电雷管必须由爆破工亲自运送，炸药由爆破工或在爆破工监护下由熟悉（ ）有关规定的人员运送。

A. 作业规程   B. 《煤矿安全规程》   C. 操作规程   D. 爆破作业图表

24. 岩石水胶炸药的使用保证期为（ ）。

A. 4 个月   B. 6 个月   C. 10 个月   D. 1 年

25. 煤矿铵梯炸药对瓦斯的安全性按（ ）顺序递增。

A. 2 号炸药、3 号炸药、被筒炸药   B. 2 号炸药、被筒炸药、3 号炸药

C. 3 号炸药、被筒炸药、2 号炸药   D. 被筒炸药、3 号炸药、2 号炸药

26. 光面爆破时周边眼炮眼间距一般为炮眼直径的（ ）。

A. 3 ~ 5 倍　　　　　B. 5 ~ 10 倍　　　　　C. 10 ~ 20 倍　　　　D. 20 ~ 30 倍

27. 在有煤尘爆炸危险的煤层中，掘进工作面爆破前后，附近（　　）的巷道内，必须洒水降尘。

　　A. 10 m　　　　　　B. 20 m　　　　　　C. 15 m　　　　　　D. 30 m

28. 执行"三人连锁爆破"制度时，警戒牌由（　　）携带。

　　A. 班组长　　　　　B. 瓦斯检查工　　　C. 爆破工　　　　　D. 安全检查工

29. 大断面岩巷掘进时，若采用凿岩台车和高效率凿岩机，可采用（　　）的大直径药卷进行爆破。

　　A. 28 ~ 35 mm　　　B. 38 ~ 45 mm　　　C. 48 ~ 55 mm

30. 岩巷炮孔装药、爆破时产生的间隙效应会（　　）爆破效果。

　　A. 增强　　　　　　B. 降低　　　　　　C. 保证良好

31. 铵梯炸药中含量最多的成分是（　　）。

　　A. 硝酸铵　　　　　B. 梯恩梯　　　　　C. 木粉　　　　　　D. 食盐

32. 低瓦斯矿井的岩石掘进工作面必须使用安全等级不低于（　　）的煤矿许用炸药。

　　A. 一级　　　　　　B. 二级　　　　　　C. 三级　　　　　　D. 四级

33. 硝铵类炸药不得与（　　）同库存放。

　　A. 梯恩梯　　　　　B. 导爆索　　　　　C. 雷管

34. 发爆器必须由（　　）妥善保管，上、下井随身携带，班班升井检查。

　　A. 班组长　　　　　B. 爆破工　　　　　C. 安全员　　　　　D. 瓦斯检查工

35. 《煤矿安全规程》规定，在采掘工作面，必须使用煤矿许用毫秒延期电雷管时，最后一段的延期时间不得超过（　　）。

　　A. 50 ms　　　　　　B. 80 ms　　　　　　C. 130 ms　　　　　D. 150 ms

36. 爆破工必须经过专门培训，由有（　　）以上采掘工龄的人员担任并经考试合格，持证上岗。

　　A. 1 年　　　　　　B. 2 年　　　　　　C. 3 年　　　　　　D. 4 年

37. 爆破工必须依照（　　）进行爆破作业。

　　A. 《煤矿安全规程》　　　　　　　　　　B. 操作规程
C. 煤矿安全规程说明　　　　　　　　　　D. 爆破作业说明书

38. 井下用机车运送爆炸材料时，列车的行驶速度不得超过（　　）。

　　A. 1 m/s　　　　　　B. 2 m/s　　　　　　C. 3 m/s　　　　　D. 4 m/s

39. 井筒内罐笼运送硝铵炸药时，爆炸材料箱堆放的高度不得超过罐笼高度的（　　）。

　　A. 1/3　　　　　　　B. 1/4　　　　　　　C. 1/2　　　　　　D. 2/3

40. 在爆破地点 20 m 以内，矿车，未清除的煤、矸或其他物体堵塞巷道断面（　　）以上时，严禁装药、爆破。

　　A. 1/3　　　　　　　B. 2/3　　　　　　　C. 1/4　　　　　　D. 1/5

41. 《煤矿安全规程》规定，不同厂家生产的或不同品种的电雷管（　　）掺混使用。

　　A. 可以　　　　　　B. 根据需要　　　　C. 不得

42. 煤矿井下爆破应按瓦斯危险程度选用相应安全等级的（　　）。

　　A. 硝铵炸药　　　　　B. 煤矿许用炸药　　　C. 乳化炸药　　　　D. 水胶炸药

43. （　　）的主要用途是使爆破后的巷道断面、形状和方向都符合设计要求。

　　A. 掏槽眼　　　　　　B. 辅助眼　　　　　　C. 崩落眼　　　　　D. 周边眼

44. 在断面较小、岩石坚硬的小断面巷道，使用高威力炸药光面爆破时，应用（　　）小直径药卷。

　　A. 15 ~ 20 mm　　　　B. 25 ~ 30 mm　　　　C. 38 ~ 45 mm

45. 井巷掘进时，岩石越坚硬，需的炮眼就（　　）。

　　A. 越多　　　　　　　B. 越少　　　　　　　C. 不确定

46. 目前常用的斜眼掏槽方式中，（　　）方式使用范围最广，并适用于各类岩石及中等以上断面。

　　A. 单斜掏槽　　　　　B. 扇形掏槽　　　　　C. 楔形掏槽

47. 在只有一个自由面的坚硬岩层或均质岩层中爆破时，最好采用（　　）。

　　A. 单斜掏槽　　　　　B. 楔形掏槽　　　　　C. 锥形掏槽

48. 垂直楔形掏槽眼角度一般为（　　）

　　A. 30° ~ 40°　　　　　B. 50° ~ 60°　　　　　C. 60° ~ 70°

49. 垂直楔形掏槽眼深度一般为巷道宽度的（　　）。

　　A. 1/3　　　　　　　　B. 1/4　　　　　　　　C. 1/5　　　　　　D. 1/6

50. 采用直线掏槽时，各眼距为（　　）。该方式适用于整体性好的韧性岩石和较小的巷道断面。

　　A. 0.1 ~ 0.2 m　　　　B. 0.2 ~ 0.3 m　　　　C. 0.3 ~ 0.4 m

51. 采用混合式掏槽时，其斜眼与工作面的夹角为（　　）。

　　A. 65° ~ 75°　　　　　B. 75° ~ 85°　　　　　C. 85° ~ 90°

52. 爆破工必须作为（　　）人员固定在每个爆破作业地点，认真履行自己的职责，确保爆破工作安全顺利地进行。

　　A. 专职　　　　　　　B. 兼职　　　　　　　C. 专职或兼职

53. 煤矿井下爆破装药时，要求一个炮眼内只允许装（　　）起爆药卷。

　　A. 1 个　　　　　　　B. 2 个　　　　　　　C. 多个

54. 光面爆破的最小抵抗线，一般应（　　）光爆孔间距。

　　A. 大于　　　　　　　B. 小于　　　　　　　C. 等于　　　　　　D. 大于或等于

55. 爆破前，靠近掘进工作面（　　）长度内的支架未加强固定时，严禁装药、爆破。

　　A. 5 m　　　　　　　　B. 10 m　　　　　　　C. 15 m

56. 在爆破地点附近 20 m 以内风流中瓦斯浓度达到（　　）时，严禁装药、爆破。

　　A. 0.5%　　　　　　　B. 2%　　　　　　　　C. 1%　　　　　　　D. 5%

57. 电雷管的电阻测量，必须采用（　　）。

　　A. 专用爆破电桥　　　B. 万用表　　　　　　C. 惠斯登电桥　　　D. 导通器

58. 测定电雷管、电爆网路电阻时，专用电表的输出电流不得大于（　　）。

　　A. 10 mA　　　　　　　B. 30 mA　　　　　　C. 50 mA　　　　　D. 100 mA

59. 在立井工作面布置炮眼时，如遇坚固岩石，周边眼距井壁距离不应小于（　　）。

　　A. 100 mm　　　　　　　B. 200 mm　　　　　　C. 300 mm

60. 在立井工作面布置炮眼时，如遇中等坚固岩石或坚固性差的岩石，周边眼距井壁距离不应小于（　　）。

　　A. 200 mm　　　　　　　B. 300 mm　　　　　　C. 400 mm

61. 根据本班生产计划、爆破作业量和消耗定额，由爆破工提出申请，填写领取爆炸材料单、爆破工作指示单，经（　　）审批签单后执行。

　　A. 瓦斯检查工　　　B. 爆破工　　　　　C. 班组长　　　　　D. 矿总工程师

62. 用车辆运输雷管、硝化油类炸药时，装车高度必须低于车厢上缘（　　）。

　　A. 60 mm　　　　　　　B. 80 mm　　　　　　C. 100 mm　　　　　D. 120 mm

63. 《煤矿安全规程》规定，井筒内运送爆炸材料时，吊筒升降速度不得超过（　　）。

　　A. 1 m/s　　　　　　　B. 2 m/s　　　　　　C. 3 m/s

64. 《煤矿安全规程》规定，井下人力运输爆炸材料时，（　　）必须由爆破工亲自运送。

　　A. 炸药　　　　　　　B. 电雷管　　　　　C. 发爆器

65. 《煤矿安全规程》规定，携带爆炸材料上下井时，在每层罐笼内搭乘的携带爆炸材料的人员不得超过（　　），其他人员不得同罐上下。

　　A. 2 人　　　　　　　B. 4 人　　　　　　C. 6 人　　　　　　D. 8 人

66. 炸药的（　　）是炸药爆轰对爆破对象产生的压缩、粉碎和击穿能力。

　　A. 猛度　　　　　　　B. 爆压　　　　　　C. 做功能力

67. 炮眼深度为 0.6~1.0 m 时，封泥长度不得小于炮眼深度的（　　）。

　　A. 1/2　　　　　　　　B. 1/3　　　　　　　C. 1/4

68. 炮眼深度超过 2.5 m 时，封泥长度不得小于（　　）。

　　A. 0.5 m　　　　　　　B. 1.0 m　　　　　　C. 1.5 m

69. 自由面的数目和大小对爆破效果的好坏（　　）影响。

　　A. 有很大　　　　　　B. 有很小　　　　　C. 没有

70. 当两个掘进面贯通时，只有在两个工作面及其回风流中的瓦斯浓度（　　）时，掘进工作面方可爆破。

　　A. 都在 0.5% 以下　　　　　　　　　B. 都在 1% 以下

　　C. 掘进面在 1% 以下、停工面在 1.5% 以下　　D. 都在 1.5% 以下

71. 某采煤工作面在爆破处理大块岩石时发生瞎炮，正确的处理措施是（　　）。

　　A. 用手将雷管拔出　　　　　　　　　B. 在岩块上放糊炮引爆

　　C. 在瞎炮眼 0.3 m 处平行打炮眼装药、爆破

72. 爆破前，班组长必须亲自布置专人在警戒线外担任警戒工作。警戒线处应设置（　　）或拉绳。

　　A. 警戒牌　　　　　　B. 栅栏　　　　　　C. 栏杆

73. 技术标准规定：20 发雷管串联时，康铜桥丝雷管通以（　　）的恒定直流电，应全部爆炸。

　　A. 1.0~1.6 A　　　　　B. 1.6~2.0 A　　　　C. 1.0 A　　　　　D. 2.0 A

74. 某巷道掘进工作面发爆器因受潮不能使用，爆破工人便撬开矿灯电瓶盖，用矿灯做电源起爆雷管，这种做法在煤矿爆破作业中（　　）使用。

A. 严禁　　　　　　　　B. 可以　　　　　　　　C. 有措施可以

75. （　　）的指炸药爆炸时引起与其不相接触的邻近炸药爆炸的现象。

A. 传爆　　　　　　　　B. 殉爆　　　　　　　　C. 拒爆

76. 2 号岩石铵梯炸药的有效贮存期为（　　）。

A. 半年　　　　　　　　B. 1 年　　　　　　　　C. 2 年

77. 下列爆炸材料中，允许在同库中存放的是（　　）。

A. 硝铵类炸药与导爆索　　　　　　　　B. 电雷管与导爆索

C. 导爆索与电雷管

78. 在潮湿和含水条件下，应采用具有防水性能的（　　）。

A. 乳化炸药　　　　　　B. 铵油炸药　　　　　　C. 铵梯炸药

79. 某一采煤工作面，由于基本顶冒落将采空区的瓦斯压进工作面，夜班又停产、停风，早班时瓦斯达到了爆炸浓度，在通风后未检查瓦斯浓度的情况下，爆破工采用煤块当作炮泥堵塞炮孔，爆破后引发瓦斯爆炸事故。该事故的主要原因是（　　）。

A. 未采用炮泥封孔，未检查瓦斯浓度，瓦斯超限达到爆炸范围

B. 爆破网路脚线连接不实

C. 未及时开局部通风机

80. 某掘进工作面爆破前，将爆破母线敷设在管路一侧引发了爆破事故。其事故的主要原因是（　　）。

A. 母线连接不实　　　　　　　　B. 杂散电流通过母线输入雷管引爆

C. 网路连接方法错误

81. 某采煤工作面，因爆破崩落大块矸石影响正常生产，应当（　　），才可防止爆破事故。

A. 在大块岩石块下放炸药将岩块崩开

B. 按《煤矿安全规程》规定打眼崩装药、爆破崩碎大块矸石

C. 采用糊炮将岩块崩开

82. 一般爆破工程中，常用的雷管为（　　）。

A. 3 号和 5 号雷管　　　B. 7 号和 10 号雷管　　　C. 6 号和 8 号雷管

83. 国家标准规定，任何厂家生产的电雷管，其最小发火电流均不超过（　　）。

A. 0. 05 A　　　　　　B. 0. 15 A　　　　　　C. 0. 45 A　　　　　　D. 0. 7 A

84. 开凿或延深通达地面的井筒时，无瓦斯的井底工作面中可使用发爆器以外的其他电源起爆，但电压不得超过（　　），并必须有电力起爆接线盒。

A. 220 V　　　　　　　B. 380 V　　　　　　　C. 660 V

85. 爆破工应在检查连线工作无误后，将（　　）交给班组长。

A. 发爆器　　　　　　　B. 导爆索　　　　　　　C. 警戒牌

86. 炮眼封泥长度不符合规定的炮眼（　　）爆破。

A. 可以　　　　　　　　B. 严禁　　　　　　　　C. 不许

87. 爆破地点附近（　　）以内风流中瓦斯浓度达到 1%，严禁装药、爆破。

  A. 10 m　　　　　　B. 15 m　　　　　　C. 20 m　　　　　　D. 25 m

88. 爆炸形成的冲击波可以使瓦斯空气混合物气体温度（　　）。

  A. 降低　　　　　　B. 不变　　　　　　C. 升高

89. 井下工人背运爆炸材料时，一人一次最多背运量为原包装炸药（　　）。

  A. 20 kg　　　　　　B. 2 箱（袋）　　　　　　C. 1 箱（袋）

90. 爆破漏斗半径与最小抵抗线相等时的爆破漏斗为（　　）。

  A. 松动爆破漏斗　　　B. 标准爆破漏斗　　　C. 加强抛掷爆破漏斗

91. 炸药的感度是指炸药在外能的作用下发生（　　）的难易程度。

  A. 燃烧　　　　　　B. 热分解　　　　　　C. 爆炸

92. 正向起爆是将装有雷管的起爆药包装入靠近（　　）处。

  A. 眼底　　　　　　B. 中间　　　　　　C. 眼口　　　　　　D. 距眼口 2/3

93. 安装在进风巷道中的压入式局部通风机的启动装置，距掘进巷道回风口不得小于（　　）。

  A. 5 m　　　　　　B. 10 m　　　　　　C. 15 m　　　　　　D. 20 m

94. 掘进工作面或其他地点发现有透水预兆时，必须（　　）。

  A. 停止作业，采取措施，报告矿调度　　　B. 停止作业，迅速撤退，报告矿调度

  C. 采取措施，报告矿调度　　　　　　　D. 停止作业，报告矿调度

95. 采区回风巷、采掘工作面回风巷风流中瓦斯浓度超过（　　）时，必须停止工作，撤出人员，采取措施，进行处理。

  A. 2.0%　　　　　　B. 1.5%　　　　　　C. 1.0%　　　　　　D. 0.5%

96. 在有瓦斯或煤尘爆炸危险的矿井进行爆破工作的工作面，必须具有新鲜风流，（　　）要符合煤矿的特殊要求。

  A. 风量　　　　　　B. 风速　　　　　　C. 风量和风速

97. 爆破作业时必须执行"一炮三检制"。其检查的内容是（　　）。

  A. 爆破作业工作面支护情况

  B. 爆破作业工作面瓦斯浓度情况

  C. 爆破作业工作面撤人情况

98. 煤矿井下作业（　　）放明炮、糊炮。

  A. 没有瓦斯时可以　　B. 不得　　　　　　C. 严禁

99. 炮采工作面爆破工作要做到"七不、二少、三高"，其中"三高"的内容是（　　）。

  A. 块煤率高，采出率高，自装率高　　　B. 块煤率高，采出率高，爆破效率高

  C. 块煤率高，爆破效率高，自装率高

100. 炮采工作面的炮眼装药量，一般（　　）的最少。

  A. 顶眼　　　　　　B. 腰眼　　　　　　C. 底眼

101. 电雷管的电阻是指（　　）。

  A. 桥丝电阻　　　　　B. 脚线电阻　　　　　C. 桥丝和脚线电阻之和

102. 炮掘工作面贯通前，必须（　　）检查停掘工作面及其回风流中的瓦斯浓度。

  A. 每天　　　　　　B. 每班　　　　　　C. 每次装药前

103. 煤矿许用炸药要在满足爆破能力的前提下，在爆破时实现（ ）。

A. 负氧平衡　　　　B. 零氧平衡　　　　C. 正氧平衡

104. 软岩巷道掘进采用光面爆破时，周边眼间距应（ ）。

A. 加大　　　　　　B. 减小　　　　　　C. 不变

105. 爆破抵抗线过小会导致（ ）。

A. 爆破明火　　　　B. 炸药拒爆　　　　C. 炸药爆燃

106. 装盖药和垫药的主要危害是（ ）。

A. 浪费炸药　　　　B. 影响爆破效果　　C. 引起炸药爆燃

107. 使用变质炸药的主要危害是（ ）。

A. 爆破时出现爆燃　B. 拒爆　　　　　　C. 影响爆破效果

108. 在有瓦斯、煤尘爆炸危险的采掘工作面，应采用（ ）爆破。

A. 毫秒　　　　　　B. 秒延期　　　　　C. 半秒延期

109. 从爆破效果来看，（ ）。

A. 正向装药爆破效果较好　　　　　　　B. 反向装药爆破效果较好

C. 正向反向装药爆破效果相同

110. 炮采工作面煤层顶板变松软时，装药量应（ ）。

A. 加大　　　　　　B. 不变　　　　　　C. 减少

111. 炮掘工作面遇松软岩层时，周边眼间距应（ ）。

A. 缩小　　　　　　B. 加大　　　　　　C. 不变

112. 如果一个炮眼内装多包药卷，每包药卷的聚能穴都应（ ）。

A. 与雷管的聚能穴方向一致　　　　　　B. 与雷管的聚能穴方向相反

C. 聚能穴与聚能穴相对

113. 掘进工作面一个炮眼内不得装两个起爆药卷的主要原因是（ ）。

A. 浪费一个雷管　　B. 容易引起残爆　　C. 容易引起瓦斯、煤尘爆炸

114. 向炮眼内装药时，若炮眼内的煤粉未掏干净，会导致（ ）。

A. 降低炸药的敏感度　B. 爆燃　　　　　C. 炸药受潮

115. 炮采工作面煤层变软时，炮眼与工作面煤壁之间的夹角应（ ）。

A. 变大　　　　　　B. 变小　　　　　　C. 不变

116. 对光面爆破的质量要求，在中硬岩中，要求眼痕率（ ）60%。

A. 应不小于　　　　B. 应不大于　　　　C. 等于

117. 发爆器充足电，指示灯亮后，应（ ）将旋钮扭至放电位置。

A. 等 1~2 s 再　　　B. 等 5~8 s 再　　　C. 立即

118. 电爆网路中，（ ）使用明接头。

A. 不能　　　　　　B. 不得　　　　　　C. 严禁

119. （ ）在井下拆开、敲打、撞击发爆器。

A. 严禁　　　　　　B. 不得　　　　　　C. 不能

120. 爆破母线长度必须（ ）规定的爆破安全距离。

A. 大于　　　　　　B. 小于　　　　　　C. 等于

121. 发现并处理残炮、瞎炮时，必须在（ ）直接领导下进行。

A. 爆破工　　　　　　　B. 瓦斯检查工　　　　　C. 班组长

122. 小于 0.6 m 的挖底、刷帮、挑顶等浅眼爆破时，每孔装药量不得超过（　　）。

A. 100 g　　　　　　　B. 120 g　　　　　　　C. 150 g　　　　　　　D. 170 g

123. （　　）是产生拒爆或瞎炮的主要原因。

A. 杂散电流　　　　　B. 炸药变质　　　　　C. 炮眼间距过大

124. 岩巷采用光面爆破的主要目的是（　　）。

A. 提高巷道掘进速度　　　　　　　　　　B. 形成平整的巷道轮廓面

C. 节省炸药

125. 浅眼装药、爆破大块岩石时，最小抵抗线不得小于（　　）。

A. 0.3 m　　　　　　　B. 0.5 m　　　　　　　C. 0.6 m

126. 炸药爆炸是一种（　　）。

A. 物理爆炸　　　　　B. 化学爆炸　　　　　C. 核爆炸

127. 爆破作业说明书是（　　）的主要内容之一。

A. 作业规程　　　　　B. 操作规程　　　　　C.《煤矿安全规程》

128. 炸药和电雷管不得在同一列车内运输。如用同一列车运输，装有炸药与装有电雷管的车辆之间，以及装有炸药或电雷管的车辆与机车之间，必须用空车分别隔开，隔开长度不得小于（　　）。

A. 8 m　　　　　　　　B. 5 m　　　　　　　　C. 3 m

129. 加工引药时，电雷管必须（　　）插入药卷内。

A. 将其一半　　　　　B. 将其 2/3　　　　　C. 全部

130. 在低瓦斯矿井的采掘工作面采用毫秒爆破时，采用（　　）起爆，爆破效果较好。

A. 正向　　　　　　　B. 反向　　　　　　　C. 正反向

131. 国家标准规定，电雷管的安全电流为（　　）。

A. 0.05A　　　　　　　B. 0.15A　　　　　　　C. 0.45A

二、多选题

1. 处理拒爆时，必须遵守（　　）的规定。

A. 由于连线不良造成的拒爆，可重新连线起爆

B. 在距拒爆炮眼 0.3 m 以外另打同拒爆炮眼平行的新炮眼，重新装药、起爆

C. 严禁用镐刨或从炮眼中取出原放置的起爆药卷或从起爆药卷中拉出电雷管；严禁将炮眼残底（无论有无残余炸药）继续加深；严禁用打眼的方法往外掏药；严禁用压风吹这些炮眼

D. 处理拒爆的炮眼爆炸后，爆破工必须详细检查炸落的煤、矸，收集未爆的电雷管

E. 在拒爆处理完毕以前，严禁在该地点进行与处理拒爆无关的工作

2. 爆破连线的方式有（　　）。

A. 串联　　　　　　　B. 并联　　　　　　　C. 混联　　　　　　　D. 簇联

3. 炮泥具有（　　）的作用。

A. 保证炸药充分反应　　　　　　　　　　B. 降低温度与压力

C. 阻止炽热固体颗粒飞出　　　　　　　D. 延缓爆生气体与瓦斯接触

E. 防止崩人

4. 水炮泥具有（　　）作用。

A. 消焰　　　　　　　　　　　B. 降尘

C. 吸收有毒有害气体　　　　　　D. 降温

5. 采空区往往有（　　）。

A. 大量积水　　　B. 有害气体　　　C. 火区　　　D. 残余煤柱

6. 炸药爆炸允分反应后的产物为（　　）。

A. H_2O　　　B. CO_2　　　C. N_2　　　D. CO

7. 爆破母线与（　　）应分别挂在巷道两侧。

A. 电缆　　　B. 电线　　　C. 信号线　　　D. 管道

8. 工作面有 2 个或 2 个以上自由面时，在煤层中最小抵抗线不得小于（　　），在岩层中最小抵抗线不得小于（　　），浅眼装药、爆破大岩块时，最小抵抗线和封泥长度都不得小于（　　）。

A. 0. 3 m　　　B. 0. 4 m　　　C. 0. 5 m　　　D. 0. 6 m

9. 引起早爆的原因有（　　）。

A. 杂散电流　　　B. 炸药变质　　　C. 静电　　　D. 冲击

E. 封孔质量差

10. 一般情况下，掘进工作面炮眼的装药量从大到小排列为（　　）。

A. 掏槽眼　　　　　B. 辅助眼　　　　　C. 周边眼　　　　　D. 顶眼

11. 铵梯炸药按主要成分分为（　　）。

A. 岩石铵梯炸药　　　B. 煤矿铵梯炸药　　　C. 铵油炸药　　　D. 乳化炸药

E. 高威力炸药

12. 采煤工作面爆破时的主要爆破参数是指（　　）。

A. 炮眼角度　　　　　B. 炮眼深度　　　　　C. 炮眼间距　　　　　D. 炮眼装药量

E. 最大控顶距

13. 放空炮的原因是（　　）。

A. 封泥质量不好　　　B. 装药量偏大　　　C. 炮眼间距过大

D. 炮眼角度不符合要求　　　　　E. 炮眼过深

14. 影响炸药爆速的因素有（　　）。

A. 药柱直径　　　　　B. 炸药密度　　　　　C. 炸药种类　　　　　D. 药柱长度

E. 药柱外壳

15. 三人连锁爆破时，班组长接到警戒牌后，一方面派人警戒，另一方面要详细检查（　　）。

A. 瓦斯　　　　　B. 顶板　　　　　C. 支架　　　　　D. 设备、工具

E. 阻塞物

16. 预防爆破崩倒支架采取的措施有（　　）。

A. 爆破前，检查并加固支架　　　　　B. 掘进工作面选择合理的掏槽方式

C. 采煤工作面要留有足够的炮道　　　　　D. 掘进工作面要有足够的掏槽深度

E. 采用耦合装药

17. 矿用炸药按使用条件分为（　　　）。

A. 煤矿许用炸药　　　B. 岩石炸药　　　　　C. 露天炸药　　　　D. 硝铵炸药

18. 煤矿井下爆破作业，必须使用（　　　）。

A. 煤矿许用炸药　　　B. 矿用炸药　　　　　C. 煤矿许用电雷管　　D. 矿用电雷管

19. 煤矿井下允许使用的含水炸药有（　　　）。

A. 水胶炸药　　　　　B. 乳化炸药　　　　　C. 浆状炸药　　　　D. 铵梯炸药

20. 食盐在煤矿许用炸药中起（　　　）的作用。

A. 消焰剂　　　　　　B. 灭火剂　　　　　　C. 阻化剂　　　　　D. 助燃剂

21. 2 号岩石铵梯炸药主要由（　　　）组成。

A. 硝酸铵　　　　　　B. 梯恩梯　　　　　　C. 黑索金　　　　　D. 木粉

22. 药头式瞬发电雷管的电点火装置由（　　　）组成。

A. 脚线　　　　　　　B. 桥丝　　　　　　　C. 发火药头　　　　D. 起爆药

23. 地面爆炸材料库按其服务年限可分为（　　　）。

A. 临时性地面库　　　B. 永久性地面库　　　C. 矿区总库　　　　D. 临时发放点

24. 煤矿企业必须建立（　　　）。

A. 爆炸材料领退制度　　　　　　　　　　　B. 电雷管编号制度

C. 爆炸材料丢失处理办法　　　　　　　　　D. 爆炸材料销毁制度

25. 井下用机车运送爆炸材料时，应遵守的安全规定有（　　　）。

A. 如必须用同一列车运输炸药和电雷管，装炸药和电雷管的车辆之间必须用空车隔开

B. 除了跟车、护送、装卸人员外，严禁其他人员乘车

C. 列车只能同时运送阻燃、无爆炸性的其他物品

D. 列车的行驶速度不得超过 2 m/s

26. 以下（　　　）工作只能由爆破工一人完成。

A. 爆破母线连接脚线　　　　　　　　　　　B. 检查爆破线路

C. 爆破脚线的连接　　　D. 爆破通电工作　　　E. 爆破前的瓦斯检测工作

27. 掘进工作面常见装药方式有（　　　）。

A. 顺序装药　　　　　B. 反序装药　　　　　C. 正向装药　　　　D. 反向装药

28. 爆破引燃瓦斯的原因有（　　　）。

A. 爆炸形成空气冲击波的作用　　　　　　　B. 炽热固体颗粒的作用

C. 高温爆炸气体产物的作用　　　　　　　　D. 二次火焰的作用

29. 装药前和爆破前有（　　　）情况的，严禁装药、爆破。

A. 采掘工作面的控顶距离不符合作业规程的规定，或者支架有损坏，或者伞檐超过规定

B. 爆破地点附近 20 m 以内风流中瓦斯浓度达到 1.0%

C. 在爆破地点 20 m 以内，矿车、未清除的煤、矸或其他物体堵塞巷道断面 1/3 以上

D. 炮眼内发现异状、温度骤高、骤低，有显著瓦斯涌出，煤岩松散，透老空等情况

E. 采掘工作面风量不足

30. 产生拒爆的主要原因有（　　　）。

A. 电路问题　　　　B. 炸药质量问题　　　C. 雷管质量问题　　　D. 操作问题

31. 根据引起爆炸的原因和过程不同，可将爆炸分为（　　　）。

A. 物理爆炸　　　　B. 化学爆炸　　　C. 核爆炸　　　D. 聚变

E. 裂变

32. 炸药的化学变化形式有（　　　）。

A. 热分解　　　　B. 燃烧　　　C. 风化　　　D. 爆炸

E. 爆轰

33. 炸药爆炸的热力学参数有（　　　）。

A. 爆热　　　　B. 爆力　　　C. 爆温　　　D. 爆压

E. 爆容

34. 消除或降低间隙效应的方法有（　　　）。

A. 采用耦合散装炸药

B. 采用硝酸铵类混合炸药

C. 在药卷之间采用隔环阻止空气冲击波的传播

D. 采用临界直径小、爆轰性能好的炸药

E. 采用低爆速炸药

35. 电雷管根据延期时间不同分为（　　　）。

A. 瞬发电雷管　　　　B. 毫秒延期电雷管　　　C. 秒延期电雷管

D. 半秒延期电雷管　　　　E. 抗杂散电流雷管

36. 常用的斜眼掏槽方式有（　　　）。

A. 单斜掏槽　　　　B. 扇形掏槽　　　C. 锥形掏槽　　　D. 直眼掏槽

E. 楔形掏槽

37. 执行"三人连锁放炮制"时的"三人"是指（　　　）。

A. 班组长　　　　B. 瓦斯检查工　　　C. 安全检查工　　　D. 区队长

E. 爆破工

38. 炮采工作面爆破工作要求的"两少"是指（　　　）。

A. 爆破次数少　　　　B. 爆炸材料消耗少　　　C. 混矸少

D. 支护材料消耗少　　　　E. 炮眼数量少

39. 产生拒爆的原因是（　　　）。

A. 炸药变质　　　　B. 雷管电阻丝折断　　　C. 连接的雷管数量超过发爆器的起爆数

D. 连线不实　　　　E. 封泥不满

40. 可用于有瓦斯煤尘爆炸危险地点的电雷管有（　　　）。

A. 瞬发电雷管　　　　B. 秒延期电雷管　　　C. 毫秒延期电雷管

D. 半秒延期电雷管　　　　E. 1/4 秒延期电雷管

41. （　　　）是二级安全炸药。

A. 2 号煤矿铵梯炸药　　　　　　　　B. 2 号抗水型煤矿铵梯炸药

C. 3 号煤矿铵梯炸药　　　　　　　　D. 3 号抗水型煤矿铵梯炸药

42. 装配起爆药卷的正确方法是（　　　）。

A. 扎眼装配　　　　　B. 启开封口装配　　　C. 斜插入药卷　　　　D. 捆在药卷上

43. 下列哪些是装配起爆药卷时常见的安全隐患（　　　）。

A. 装配地点不安全　　B. 雷管脚线不短接　　C. 一个药卷内放一个雷管

D. 雷管插入深度不够　　　　　　　　　　　E. 发爆器与雷管混放在一起

44. 炮眼装药前必须（　　　）。

A. 清孔　　　　　　　B. 连接脚线　　　　　C. 验孔　　　　　　　D. 封孔

45. 下列哪些是装药时常见的安全隐患（　　　）。

A. 一个炮眼内装多个雷管　　　　　　　　　B. 装药量过大

C. 装垫药　　　　　　　　　　　　　　　　D. 不清孔

46. 对炮眼封孔必须使用（　　　）等材料。

A. 黏土炮泥　　　　　B. 细砂子　　　　　　C. 粗砂子　　　　　　D. 水炮泥

E. 煤粉

47. 爆破母线必须符合的要求是（　　　）。

A. 用多根导线　　　　B. 爆破前扭成短路　　C. 用轨道作回路

D. 接头扭紧并悬挂　　E. 有足够的长度

48. 连线前应（　　　）。

A. 使人员撤到安全地点　　　　　　　　　　B. 连线人员不洗手

C. 检查连线地点安全状况　　　　　　　　　D. 检查母线是否破损

49. 下列不正确的连线操作是（　　　）。

A. 脚线连接后留有须头　　　　　　　　　　B. 班组长连接母线和脚线

C. 两脚线接头位置不错开　　　　　　　　　D. 连线前撤人

50. 煤矿井下爆破作业时，选择使用电雷管有明确规定。下列规定中，正确的是（　　　）。

A. 在高瓦斯矿井或低瓦斯矿井的高瓦斯区域必须使用煤矿许用瞬发电雷管或煤矿许用毫秒延期电雷管

B. 使用煤矿许用毫秒延期电雷管时，最后一段的延期时间不得超过 130 ms

C. 不同厂家生产的或不同品种的电雷管不得掺混使用

D. 低瓦斯矿井允许使用普通瞬发电雷管或毫秒雷管

51. 某矿一采区使用四芯电缆作为起爆，又因"抽炮"引发煤尘爆炸事故。其事故的主要原因有（　　　）。

A. 在井下违规使用四芯电缆作为电源，一次连放两炮，分次爆破

B. 炮泥填塞少，引发"抽炮"

C. 职工思想教育不够

D. 巷道煤尘积层达 2 mm，又无洒水设备

52. 煤矿井下常碰到拒爆事故，以下分析拒爆的原因和预防的办法正确的是（　　　）。

A. 雷管、炸药均未爆炸或雷管爆炸、炸药部分或全部拒爆

B. 由于炸药过期、受潮感度低或雷管起爆能小而拒爆

C. 预防拒爆，应对爆炸材料定期检查，选择合格产品，细心操作

D. 对火工品知识学习不够

53. 煤矿井下爆破引发瓦斯、煤尘爆炸事故，给人民生命财产造成重大损失。许多典型事故的教训说明爆炸的主要原因有（　　）。

A. 通风系统不良，特别是在贯通巷道和靠近回风巷采空区，很容易发生瓦斯积聚

B. 煤矿井下煤尘飞扬，缺乏防尘措施

C. 违章糊炮或明火爆破，或因炮泥填不够发生"抽炮"

D. 爆破未严格执行"一炮三检"制和"三人联锁爆破"制

54. 在有瓦斯的采掘工作面，允许使用的雷管是（　　）。

A. 煤矿许用瞬发电雷管

B. 最后一段延期时间不小于130 ms的煤矿许用毫秒延期电雷管

C. 最后一段延期时间不得超过130 ms的煤矿许用毫秒延期电雷管

D. 半秒普通延期雷管

55. 当炮眼封泥采用水炮泥时，水炮泥外剩余的炮眼部分应用（　　）封实。

A. 煤粉　　　　　　　　　　　　　B. 块状材料

C. 黏土炮泥　　　　　　　　　　　D. 不可燃而可塑性松散材料制成的炮泥

56. 煤矿企业人为因素造成爆破事故的主要原因的（　　）。

A. 爆破作业人员安全技术素质差　　B. 安全意识差

C. 违章作业　　　　　　　　　　　D. 缺乏规章制度

57. 爆破前，脚线的连接工作可由（　　）进行。

A. 爆破工　　　　　　　　　　　　B. 班组长

C. 经过专门训练的班组长　　　　　D. 安全检查工

58. 爆破前，应加强对机器、液压支架和电缆等的（　　）。

A. 保护　　　　　　　　　　　　　B. 将其移出工作面

C. 保护或将其移出工作面　　　　　D. 要害部件的重点保护

59. 浅眼装药、爆破大岩块时，应遵守（　　）规定。

A. 封泥长度不得小于0.3 m

B. 最小抵抗线不得小于0.3 m

C. 最小抵抗线和封泥长度都不得小于0.3 m

D. 最小抵抗和封泥长度至少有一项不得小于0.3 m

60. 爆破处理卡在溜煤（矸）眼中的煤、矸时，爆破前必须检查溜煤（矸）眼内堵塞部位（　　）的瓦斯。

A. 上部空间　　　　B. 下部空间　　　　C. 上部和下部空间　　　D. 溜煤口

61. 某矿采煤工作面，曾多次瓦斯超限，未引起重视，该队队长和爆破工采用发爆器检查母线是否断线时产生火花，引起瓦斯爆炸事故。其事故的主要原因是（　　）。

A. 领导忽视安全

B. 未按《煤矿安全规程》规定，采用小于30 mA的导通器和爆破电桥，违规使用发爆器检查通路

C. 瓦斯超限情况下仍强行起爆

D. 技术管理不善

62. 造成炸药、雷管早爆的主要原因有杂散电流导入雷管或雷管、炸药受到（　　）。

A. 机械撞击　　　　　　　　　　　B. 挤压

C. 摩擦　　　　　　　　　　　　　D. 爆破器具保管不当

63. 爆炸反应的实质是炸药中所含（　　　）等元素之间的化学反应，生成较为稳定的化合物。

A. 氧　　　　　B. 碳　　　　　C. 氢　　　　　D. 氮

64. 某矿发生一起雷管炸药爆炸事故，两名工人到爆炸材料库领取炸药 63 kg、雷管 280 发，混装在麻袋和尼龙袋内背到工作地点，不顾场地有带电设备，扔到地上，一声巨响，炸药雷管爆炸，工人当场死亡。其事故的主要原因有（　　　）。

A. 违反《煤矿安全规程》，未分装在专用容器中

B. 爆破器材质量不好

C. 爆破工违规超重运输

D. 扔雷管炸药袋地点有带电设备漏电触发引爆

65. 某矿采煤工作面采用"糊炮"崩大块矸石，第一次炮响未崩碎，造成煤尘飞扬；二次再爆时，引起瓦斯煤尘爆炸事故。其事故的原因有（　　　）。

A. 违反《煤矿安全规程》，采用糊炮、明火处理矸石

B. 没有防尘设施，工作面干燥

C. 处理大块矸石，必须按规定打眼爆破

D. 通风不良，未及时将煤尘带走

66. 某矿一采区在运输巷道与切眼巷道贯通时，由于爆破引起局部瓦斯爆炸，又导致多点瓦斯煤尘连续爆炸事故。其事故的直接原因有（　　　）。

A. 巷道贯通时，未按规定改变通风系统，形成瓦斯积聚

B. 巷道贯通时，炮眼深度、装药量和抵抗线不符合《煤矿安全规程》要求

C. 多条巷道煤尘大，无防尘措施，引发多点爆炸

D. 职工教育不够

67. 爆破采煤工作面（　　　）工序应避免相互干扰，最好将两道工序安排在不同班中作业。

A. 移送输送机　　　B. 回柱　　　　C. 装煤　　　　D. 爆破

68. 为防止引发瓦斯爆炸事故，炮眼深度和炮眼的封泥长度有明确规定，主要规定有（　　　）。

A. 眼深为 0.6～1.0 m 时，炮泥长度不得小于眼深的 1/2

B. 眼深大于 1.0 m 时，炮泥长度不得小于 0.5 m

C. 眼深大于 2.5 m 时，炮泥长度不得小于 1.0 m，光面爆破周边眼封泥长度不得小于 0.3 m

D. 由工人自定

69. 某矿采掘工作面，因回风巷以上采空区瓦斯积聚违章爆破，造成瓦斯煤尘重大事故。其事故的主要原因有（　　　）。

A. 回风巷道以上瓦斯积聚

B. 职工业务水平低

C. 炮眼封泥仅 100～150 mm，最小低抗线小，爆破产生火焰引发爆炸

D. 工作面风量微小，在未检查瓦斯含量情况下引爆

70. 下列哪些情况下不准爆破（ ）。

A. 爆破地点风量不足

B. 一个采煤工作面使用 2 台发爆器同时爆破

C. 瓦斯浓度在 1% 以下

D. 爆破工接到起爆命令但没有发出爆破警号

71. 通电后出现拒爆时，爆破工应（ ）。

A. 用专用欧姆表检查网路　　　　　　　　B. 用导通表检测网路

C. 立即进入爆破地点检查连线　　　　　　D. 立即重新起爆

72. （ ）可能造成爆破崩倒支架。

A. 支架架设质量不好　　　　　　　　　　B. 装药量过多

C. 炮眼排列方式不合理　　　　　　　　　D. 装药量过少

73. 爆破工接到起爆命令后，必须先发出爆破警号，并再等待一定时间后方可起爆，以下符合规定等待时间的是（ ）。

A. 3 s　　　　　　　　B. 4 s　　　　　　　　C. 5 s　　　　　　　　D. 6 s

三、判断题

1. 电雷管的最小准爆电流是指给电雷管能以恒定直流电，能将桥丝加热到点燃发火药的最小电流。　　　　　　　　　　　　　　　　　　　　　　　　（ ）

2. 炮泥充填不足可导致放空炮。　　　　　　　　　　　　　　　　　　（ ）

3. 为提高爆破效率，正向装药时可装填"盖药"。　　　　　　　　　　（ ）

4. 通电后爆破不响时，可先将母线取下扭结成短路，使用瞬发电雷管时，至少再等 5 min 方可进入工作面检查。　　　　　　　　　　　　　　　　　　（ ）

5. 爆破后，待炮烟吹散吹净，作业人员方可进入工作面作业。　　　　（ ）

6. 掘进工作面爆破时，除警戒人员外，其他人员都要在进风巷道内躲避等候。
　　　　　　　　　　　　　　　　　　　　　　　　　　　　　　　（ ）

7. 炮烟内的有毒气体主要是一氧化碳和氮的氧化物。　　　　　　　　（ ）

8. 使用单滚筒的机械采煤工作面，可以采用爆破的方法开出切口。　（ ）

9. 井下巷道掘进爆破中，炮响后立即进入工作面检测有害气体浓度。（ ）

10. 潮湿成团状的煤尘已不能参与爆炸。　　　　　　　　　　　　　　（ ）

11. 煤矿井下可用三轮车、自翻车运送爆炸材料。　　　　　　　　　　（ ）

12. 在交接班人员、上下井的时间内，可少量运送爆炸材料。　　　　（ ）

13. 制作引药时，引药的数量要多于使用地点的使用数量。　　　　　（ ）

14. 制作引药时，电雷管只能由药卷的顶部装入，并且要全部插入药卷内。（ ）

15. 起爆药卷装配完成后，应清点数目，放在专用箱内锁好。　　　　（ ）

16. 炮眼深度超过 2.5 m 时，封泥长度不得小于 0.5 m。　　　　　　（ ）

17. 工作面有两个或两个以上自由面时，在煤层中最小抵抗线不得小于 0.5 m。
　　　　　　　　　　　　　　　　　　　　　　　　　　　　　　　（ ）

18. 爆破前，爆破母线必须结成短路。　　　　　　　　　　　　　　　（ ）

19. 可用两根材质、规格不同的导线作为爆破母线。　　　　　　（　　）

20. 在有瓦斯煤尘爆炸危险的地点，可采用并联的方式连线。　　（　　）

21. 三人连锁爆破过程中，爆破牌由瓦斯检查工携带。　　　　　（　　）

22. 爆破前，靠近掘进工作面 10 m 长度内的支架必须要加固。　（　　）

23. 巷道贯通时，必须有准确的测量图，每班在图上填明进度。　（　　）

24. 爆破地点距采空区 15 m 前，必须通过打探眼等有效措施，探明采空区的准确位置、范围以及赋存瓦斯、积水和发火等情况。　　　　　　　　　　　　（　　）

25. 处理溜煤眼堵塞时，可采用 2 号煤矿许用硝铵炸药。　　　（　　）

26. 小于 0.6 m 的浅眼爆破时，每孔装药量不得超过 150 g。　（　　）

27. 井巷揭穿突出煤层爆破时，必须使用安全等级不低于三级的煤矿许用含水炸药。

　　　　　　　　　　　　　　　　　　　　　　　　　　　　　（　　）

28. 杂散电流是产生早爆的原因之一。　　　　　　　　　　　　（　　）

29. 由于连线不良造成的拒爆可重新连线爆破。　　　　　　　　（　　）

30. 处理拒爆完毕以前，可以在该地点从事打眼等作业。　　　　（　　）

31. 爆轰是炸药化学变化的最高形式。　　　　　　　　　　　　（　　）

32. 放出热量、生成气体产物和爆炸过程的高速度是炸药爆炸的必要条件，缺一不可。　　　　　　　　　　　　　　　　　　　　　　　　　　　　　（　　）

33. 对矿用混合炸药而言，提高炸药密度可提高炸药的爆速。　　（　　）

34. 铵梯炸药中含量最高的成分是梯恩梯。　　　　　　　　　　（　　）

35. 含水率超过 0.5% 的铵梯炸药可用于有瓦斯煤尘爆炸危险的爆破地点。（　　）

36. 安全被筒炸药可用于处理溜煤眼堵塞。　　　　　　　　　　（　　）

37. 电雷管的最大安全电流是指给电雷管通以恒定直流电，在一定时间（5 min）内不会引燃发火药的最大电流。　　　　　　　　　　　　　　　　　　（　　）

38. 毫秒爆破具有减弱地震波的作用。　　　　　　　　　　　　（　　）

39. 爆破工必须直接依照操作规程进行爆破作业。　　　　　　　（　　）

40. 所有接触爆炸材料的人员应穿棉布或抗静电衣服，严禁穿化纤衣服。（　　）

41. 炮眼布置必须有利于爆堆集中、不崩倒永久支架和设备。　　（　　）

42. 掏槽眼深度必须比其他炮眼加深 200 mm。　　　　　　　　（　　）

43. 掘进工作面爆破工作要求的"七不、二少、一高"中"一高"是指"炮眼利用率高"。　　　　　　　　　　　　　　　　　　　　　　　　　　　　　（　　）

44. 煤矿井下可以使用秒延期雷管。　　　　　　　　　　　　　（　　）

45. 岩石巷道掘进光面爆破时，只能采用正向装药。　　　　　　（　　）

46. 岩石巷道掘进光面爆破遇软岩时，应加大周边眼间距。　　　（　　）

47. 不同厂家生产的但型号相同的电雷管可掺混使用。　　　　　（　　）

48. 同一厂家不同批次的电雷管可以掺混使用。　　　　　　　　（　　）

49. 爆破后，必须立即将把手或钥匙拔出，摘掉爆破母线并扭结成短路。（　　）

50. 在井下发爆器发生故障时，不得在井下拆开修理，更不得敲打、撞击。（　　）

51. 不得在井下更换发爆器电池。　　　　　　　　　　　　　　（　　）

52. 严禁使用将发爆器两接线柱连线打火的方法检查发爆器输出电量的大小。（　　）

53. 间距小于 20 m 的两条平行巷道,其中一条巷道内进行爆破作业时,该巷道的工作人员必须撤倒安全地点;另一条巷道内的人员可照常工作。 （　　）

54. 可以用带式输送机运输爆炸材料。 （　　）

55. 发爆器长时间不用时,要放在干燥的地方,并取出电池。 （　　）

56. 入井人员严禁穿化纤衣服。 （　　）

57. 煤层厚度包括煤层中夹矸的厚度。 （　　）

58. 采煤工艺不包括采空区处理。 （　　）

59. 爆破工可携带矿灯进入爆破爆炸材料库领取爆炸材料。 （　　）

60. 爆破工应携带爆破资格证和有班组长签章的爆破工作消耗单到爆炸材料库领取爆炸材料。 （　　）

61. 电雷管和炸药可同箱混装运送。 （　　）

62. 在采掘工作面,用工具撞击顶板若发出沉闷的咚咚声,表明顶板已离层。（　　）

63. 采煤工作面顶板淋水明显加大是冒顶的预兆之一。 （　　）

64. 在采掘工作面遇有较大的、一时难以挑下的危石,应暂停作业。 （　　）

65. 采掘工作成遇到断层、破碎带时,应采取少装药、放小炮或不爆破的方法进行处理。 （　　）

66. 由于连线不良造成的拒爆,可重新连线起爆。 （　　）

67. 通电以后装药炮眼不响时,如使用延期电雷管至少要等 5 min 方可沿线路检查,找出原因。 （　　）

68. 最小抵抗线小于规定值,就会威胁安全。 （　　）

69. 在井巷采掘工作面的爆破中,单位炸药消耗量大小取决于炸药的性质,岩石的性质,巷道断面的大小,炮孔的直径、深度等因素。在实际工作中,大多采用经验公式并参照国家定额标准确定。 （　　）

70. 抽出单个电雷管后,必须将其脚线末端扭结成短路。 （　　）

71. 炸药由爆破工或在爆破工监护下由熟悉《煤矿安全规程》有关规定的人员运送。 （　　）

72. 发爆器的把手、钥匙或电力起爆接线盒的钥匙,必须由爆破工随身携带,严禁转交他人,不到爆破通电时,不得将把手或钥匙插入发爆器或电力起爆接线盒内。 （　　）

73. 反向起爆具有比正向起爆的爆破效果好、炮眼利用率高的优点。 （　　）

74. 毫秒延期爆破不可用于有瓦斯或煤尘爆炸危险的工作面。 （　　）

75. 严禁裸露爆破,因为它是一种既不安全又不经济的爆破方法。 （　　）

76. 爆破工通电起爆后拒爆时,必须先取下把手或钥匙,并将母线扭结短路,等一定时间（瞬发雷管 5 min,延期雷管 15 min）后才可沿线检查。 （　　）

77. 在有瓦斯突出危险的采煤工作面,可采用松动爆破作为防突措施。 （　　）

78. 有瓦斯或煤尘爆炸危险的采煤工作面,可采用分组装药,但一组装药必须一次起爆。 （　　）

79. 我国目前所使用的矿用药都属于混合炸药。 （　　）

80. 低瓦斯矿井煤层的采掘工作面必须使用安全等级不低于三级的煤矿许用炸药。 （　　）

81. 煤矿许用型瞬发电雷管之所以有较高的安全性，主要是在副起爆药中加入一定量的消焰剂。　　　　　　　　　　　　　　　　　　　　　　　　　　　（　　）

82. 煤矿许用毫秒电雷管可用于井下有瓦斯煤尘爆炸危险的工作面。　　（　　）

83. 发爆器或起爆接线都必须采用矿用防爆型的（矿用增安型的除外）。（　　）

84. 晶体管电容式发爆器能将供电时间控制在 4 ms 以内。　　　　　　（　　）

85. 发爆器在井下发生故障后，可以自行拆开并进行修理。　　　　　　（　　）

86. 导通表是专门用来测量电雷管、爆破母线或电爆网路是否导通的仪表。（　　）

87. 钻眼爆破是井巷掘进施工中的主要工序，其他工序都要围绕它进行有序的安排。　　　　　　　　　　　　　　　　　　　　　　　　　　　　　　（　　）

88. 电爆网路不得使用裸露导线，不得利用铁轨、钢管、钢丝做爆破线路。（　　）

89. 井巷掘进中主要的爆破参数有：单位炸药消耗量、炮眼直径、炮眼深度、炮眼数目等。　　　　　　　　　　　　　　　　　　　　　　　　　　　　　（　　）

90. 井巷工程岩土爆破，飞石主要顺着最小抵抗线方向抛散。　　　　　（　　）

91. 采用毫秒爆破时，必须严格按照规程规定进行装药和检查瓦斯。　　（　　）

92. 每次爆破作业前，爆破工必须做电爆网路全电阻检查，严禁用发爆器打火放电检测电爆网路是否导通。　　　　　　　　　　　　　　　　　　　　　　　（　　）

93. 毫秒爆破爆落的矸石块度均匀，大块率低。　　　　　　　　　　　（　　）

94. 采掘工作面，同一起爆网路，应使用同厂、同批、同型号的电雷管。　（　　）

95. 工作面上的炮眼布置应保证爆破后爆破块度均匀，大小符合装岩要求，大块率小。　　　　　　　　　　　　　　　　　　　　　　　　　　　　　　　（　　）

96. 煤矿所有爆破作业地点必须编制爆破作业说明书。　　　　　　　　（　　）

97. 爆破工应严格执行"一炮三检"制和"三人连锁爆破"制。　　　　（　　）

98. 爆破工仅携带爆破合格证就可以到爆炸材料库领取爆炸材料。　　　（　　）

99. 爆破工必须在爆炸材料库的发放硐室领取爆炸材料。　　　　　　　（　　）

100. 用车辆运输雷管时，雷管箱可以侧放或立放，但层间不许垫软垫。　（　　）

101. 爆破工所领取的爆炸材料，不得遗失，但可以转交下一班人员。　　（　　）

102. 井下用机车运送爆炸材料时，炸药和电雷管不得在同一列车内运输。（　　）

103. 井下用机车运送爆炸材料时，列车的行驶速度不得超过 4 m/s。　　（　　）

104. 严禁用刮板输送机、带式输送机等运输爆炸材料。　　　　　　　　（　　）

105. 装配引药是把电雷管装入药卷底部，制成起爆药卷的工作过程。　　（　　）

106. 装配起爆药卷的数量，以当时当地需要的数量为限。　　　　　　　（　　）

107. 在装药前，应用炮棍插入炮眼内，检验炮眼的角度、深度、方向和炮眼内的情况。　　　　　　　　　　　　　　　　　　　　　　　　　　　　　　　（　　）

108. 装药时，所有炸药和电雷管的聚能穴方向可以相互错开。　　　　　（　　）

109. 装药注意事项中规定，严禁使用硬化到不能用手揉松的硝铵类炸药。（　　）

110. 爆破工在装药前，如发现冒顶、透水、瓦斯突出预兆时，必须报告班组长，及时处理。　　　　　　　　　　　　　　　　　　　　　　　　　　　　　　　（　　）

111. 黏土炮泥形成的水幕，有降低和吸收爆破中的有毒有害气体的作用，改善了井下的劳动环境。　　　　　　　　　　　　　　　　　　　　　　　　　　（　　）

112. 炮眼封泥应用黏土炮泥，黏土炮泥外剩余的炮眼部分，应用水炮泥封实。

（　）

113. 严禁用煤粉、块状材料或其他可燃性材料做炮眼封泥。　　　（　）

114. 炮眼深度超过 1 m 时，封泥长度不得小于 0.3 m。　　　（　）

115. 巷道掘进时，爆破母线应随用随挂。　　　　　　　　　（　）

116. 爆破前，爆破母线必须扭结成短路。　　　　　　　　　（　）

117. 在采掘工作面，同一起爆网路，应使用同厂、同批，但不一定同型号的电雷管。

（　）

118. 爆破前，爆破工在检查连线工作无误后，应将警戒牌交给瓦斯检查工。（　）

119. 爆破前，若网路正常，爆破工必须发出爆破警号，高喊数声"放炮了"或鸣笛数声，至少再等 5 s，方可起爆。　　　　　　　　　（　）

120. 爆破后，爆破地点附近 20 m 的巷道内，必须洒水降尘。　　（　）

121. 在有煤尘爆炸危险的采掘工作面爆破前后，在附近 20 m 内，必须洒水降尘。

（　）

122. 间距小于 20 m 的平行巷道，其中一个巷道爆破时，两个工作面的人员都必须撤到安全地点。　　　　　　　　　　　　　　（　）

123. 采煤工作面爆破安全要求，当采煤工作面工具未收拾好，机电设备、电缆未加保护，不准爆破。　　　　　　　　　　　　　（　）

124. 如雷管脚线或爆破母线与漏电电缆相接触，就会产生早爆事故。（　）

125. 爆破后，由于某种原因造成的部分或单个雷管不起爆的现象即为拒爆。（　）

126. 煤层注水是防止煤层自然发火的重要措施。　　　　　　　（　）

127. 井下发生火灾时，现场人员应利用现场一切可以利用的手段、器材，尽快投入，直接灭火。　　　　　　　　　　　　　　　（　）

128. 向顶板岩层注水可以起到软化顶板岩层的作用。　　　　　（　）

129. 浅眼爆破大岩块时，最小抵抗线不得小于 0.3 m。　　　（　）

130. 采煤工作面煤壁较硬时，炮眼与煤壁之间的夹角应加大。　（　）

131. 在软岩中的光面爆破，周边眼眼口应在轮廓线上。　　　　（　）

132. 光面爆破的眼痕率，硬岩不得小于 80%，中硬岩不得小于 60%。（　）

133. 无论正氧平衡炸药，还是负氧平衡炸药，其爆炸的安全性都会低于零氧平衡炸药的安全性。　　　　　　　　　　　　　　　（　）

134. 普通型毫秒延期电雷管可用含瓦斯、煤尘的矿井井下爆破作业。（　）

135. 煤矿许用炸药的特点是爆炸后有灼热固体产生。　　　　　（　）

136. 爆炸化学反应是由压缩冲击波引起的，因此，反应速度和爆炸速度都很高。

（　）

137. 一个药包（卷）爆炸后，引起与它相接触的邻近药包（卷）爆炸的现象称为殉爆。　　　　　　　　　　　　　　　　　（　）

138. 有煤（岩）与瓦斯突出危险的工作面，必须使用安全等级不低于三级的煤矿许用含水炸药。　　　　　　　　　　　　　　　（　）

答案

第一部分　基　本　知　识

一、单选题

1. B　　2. A　　3. C　　4. C　　5. B　　6. C　　7. B　　8. A　　9. C　　10. B
11. D　　12. B　　13. B　　14. D　　15. B　　16. B

二、多选题

1. ABEG　　2. ABC　　3. ACDE　　4. ABC　　5. AB　　6. ABCDE
7. ABCD　　8. ABCD　　9. ACD　　10. ABCD　　11. ABC　　12. ABCD
13. ACD　　14. BD

三、判断题

1. √　　2. √　　3. √　　4. ×　　5. ×　　6. ×　　7. √　　8. ×　　9. √
10. ×　　11. ×　　12. ×　　13. √　　14. √　　15. √　　16. ×　　17. √　　18. √
19. √　　20. √　　21. √

第二部分　专　业　知　识

一、单选题

1. B　　2. C　　3. C　　4. C　　5. C　　6. C　　7. C　　8. B　　9. C
10. A　　11. C　　12. D　　13. B　　14. C　　15. D　　16. C　　17. C　　18. D
19. B　　20. A　　21. B　　22. A　　23. B　　24. D　　25. A　　26. C　　27. B
28. C　　29. B　　30. B　　31. A　　32. A　　33. C　　34. B　　35. C　　36. B
37. D　　38. B　　39. D　　40. A　　41. C　　42. B　　43. D　　44. B　　45. A
46. C　　47. C　　48. C　　49. B　　50. A　　51. B　　52. A　　53. A　　54. D
55. B　　56. C　　57. A　　58. B　　59. C　　60. C　　61. C　　62. C　　63. A
64. B　　65. B　　66. A　　67. A　　68. B　　69. A　　70. B　　71. C　　72. A
73. B　　74. A　　75. B　　76. A　　77. A　　78. A　　79. A　　80. B　　81. A
82. C　　83. D　　84. B　　85. C　　86. B　　87. C　　88. C　　89. C　　90. B
91. C　　92. C　　93. B　　94. A　　95. C　　96. C　　97. B　　98. C　　99. A
100. A　　101. C　　102. C　　103. B　　104. B　　105. A　　106. C　　107. B　　108. A
109. B　　110. C　　111. A　　112. A　　113. C　　114. B　　115. A　　116. A　　117. C
118. C　　119. A　　120. A　　121. C　　122. C　　123. B　　124. B　　125. A　　126. B
127. A　　128. C　　129. C　　130. B　　131. A

二、多选题

1. ABCDE	2. ABC	3. ABCD	4. ABCD	5. ABCD	6. ABC
7. ABC	8. CΛA	9. ACD	10. ABC	11. AB	12. ABCD
13. AC	14. ABCE	15. BCDE	16. ABCD	17. ABC	18. AC
19. AB	20. AC	21. ABD	22. ABCD	23. AB	24. ABCD
25. ABD	26. ABD	27. CD	28. ABCD	29. ABCDE	30. ABCD
31. ABC	32. ABDE	33. ACDE	34. ABCD	35. ABC	36. ABCE
37. ABE	38. AB	39. ABCD	40. AC	41. CD	42. AB
43. ABDE	44. AC	45. ABCD	46. AD	47. BDE	48. ACD
49. ABC	50. ABC	51. ABCD	52. BC	53. ABCD	54. AC
55. CD	56. ABC	57. AC	58. ABC	59. ABC	60. ABC
61. ABC	62. ABCD	63. ABCD	64. ACD	65. ABD	66. ABC
67. AB	68. ABC	69. ACD	70. ABD	71. AB	72. ABC
73. CD					

三、判断题

1. √	2. √	3. ×	4. √	5. √	6. √	7. √	8. √	9. ×
10. ×	11. ×	12. ×	13. ×	14. √	15. √	16. ×	17. √	18. √
19. ×	20. ×	21. ×	22. √	23. √	24. √	25. ×	26. √	27. √
28. √	29. √	30. ×	31. √	32. √	33. ×	34. ×	35. ×	36. √
37. √	38. √	39. ×	40. √	41. √	42. √	43. √	44. ×	45. ×
46. ×	47. ×	48. ×	49. √	50. √	51. √	52. √	53. ×	54. ×
55. √	56. √	57. √	58. ×	59. ×	60. √	61. ×	62. √	63. √
64. ×	65. √	66. √	67. ×	68. √	69. √	70. √	71. √	72. √
73. √	74. ×	75. √	76. √	77. √	78. √	79. √	80. ×	81. √
82. √	83. √	84. ×	85. ×	86. √	87. √	88. √	89. √	90. √
91. √	92. √	93. √	94. √	95. √	96. √	97. √	98. ×	99. √
100. ×	101. ×	102. √	103. ×	104. √	105. ×	106. √	107. √	108. ×
109. √	110. √	111. ×	112. ×	113. √	114. ×	115. √	116. √	117. ×
118. ×	119. √	120. √	121. ×	122. √	123. √	124. √	125. √	126. ×
127. √	128. √	129. √	130. ×	131. ×	132. √	133. √	134. ×	135. ×
136. √	137. ×	138. √						

参 考 文 献

［1］国家安全生产监督管理总局．国家煤矿安全监察局．煤矿安全规程［M］．北京：煤炭工业出版社，2011.

［2］刘汉东．爆破安全：B 类［M］．徐州：中国矿业大学出版社，2002.

［3］彭志源．最新矿山从业人员技能达标培训与技术操作标准规范［M］．香港：中国科技文化出版社，2008.

［4］王正萍．煤矿井下爆破作业［M］．徐州：中国矿业大学出版社，2011.

编 后 记

《特种作业人员安全技术培训考核管理规定》（国家安全生产监督管理总局令第30号 2010年5月24日）发布后，黑龙江省煤炭生产安全管理局非常重视，结合黑龙江省煤矿企业特点和煤矿特种作业人员培训现状，决定编写一套适合本省实际的煤矿特种作业人员安全培训教材。时任黑龙江省煤炭生产安全管理局局长王权和现任局长刘文波都对教材编写工作给予高度关注，为教材编写工作的顺利完成提供了极大的支持和帮助。

在教材的编审环节，编委会成员以职业分析为依据，以实际岗位需求为根本，以培养工匠精神为宗旨。严格按照煤矿特种作业安全技术培训大纲和安全技术考核标准，将理论知识作为基础，把深入基层的调查资料作为依据，努力使教材体现出教、学、考、用相结合的特点。编委会多次召开研讨会，数易其稿，经全体成员集中审定，形成审核稿，并请煤炭行业专家审核把关，完成了这套具有黑龙江鲜明特色的煤矿特种作业人员安全培训系列教材。

本套教材的编审得到了黑龙江龙煤矿业控股集团有限责任公司、黑龙江科技大学、黑龙江煤炭职业技术学院、七台河职业学院、鹤岗矿业集团有限责任公司职工大学等单位的大力支持和协助，在此表示衷心感谢！由于本套教材涉及多个工种的内容，对理论与实际操作的结合要求高，加之编写人员水平有限，书中难免有不足之处，恳请读者批评指正。

《黑龙江省煤矿特种作业人员安全技术培训教材》

编 委 会

2016年5月

图书在版编目（CIP）数据

煤矿井下爆破工/李洪臣，郝万年主编． －－北京：煤炭
工业出版社，2016

黑龙江省煤矿特种作业人员安全技术培训教材

ISBN 978 - 7 - 5020 - 4509 - 8

Ⅰ．①煤…　Ⅱ．①李…　②郝…　Ⅲ．①煤矿开采—井下作
业—爆破技术—安全培训—教材　Ⅳ．①TD235.4

中国版本图书馆 CIP 数据核字（2014）第 087282 号

煤矿井下爆破工

（黑龙江省煤矿特种作业人员安全技术培训教材）

主　　编	李洪臣　郝万年
责任编辑	李振祥　闫　非　张　成
责任校对	孔青青
封面设计	王　滨

出版发行　煤炭工业出版社（北京市朝阳区芍药居 35 号　100029）

电　　话　010 - 84657898（总编室）

　　　　　　010 - 64018321（发行部）　010 - 84657880（读者服务部）

电子信箱　cciph612@126. com

网　　址　www. cciph. com. cn

印　　刷　北京玥实印刷有限公司

经　　销　全国新华书店

开　　本　787mm×1092mm$\frac{1}{16}$　**印张**　11　**字数**　254 千字

版　　次　2016 年 9 月第 1 版　2016 年 9 月第 1 次印刷

社内编号　7384　　　　　　　　**定价**　28. 00 元

版权所有　违者必究

本书如有缺页、倒页、脱页等质量问题，本社负责调换，电话：010 - 84657880